EXPLOITATIONS FORESTIÈRES
ET PEUPLES AUTOCHTONES

Collection « Questions Autochtones »

Il y a dans le monde plus de 350 millions d'autochtones répartis entre 5 000 peuples au moins, dont la situation varie selon le degré de reconnaissance de leurs droits par les États qui les englobent.

Marginalisés politiquement, économiquement et culturellement par les évènements historiques qu'ils ont subi (conquêtes, guerres, spoliations de leurs territoires et de leurs ressources, atteintes à leurs visions du monde), ces peuples revendiquent des droits dans les États dont ils veulent faire évoluer la gouvernance.

La Collection « Questions Autochtones » souhaite faire connaître au public francophone les expériences de développement des peuples autochtones dans les domaines politiques, économiques, sociaux et culturels, ainsi que les luttes qu'ils mènent auprès des organisations internationales pour la reconnaissance de leurs droits à disposer d'eux-mêmes et la protection de leurs droits humains.

Les ouvrages sont rédigés par des experts, aussi bien autochtones que non autochtones.

Cette Collection est dirigée par le GITPA (Groupe International de Travail pour les Peuples Autochtones), branche francophone de IWGIA (International Work Group for Indigenous Affairs).

Déjà parus :
- *Droits territoriaux des peuples autochtones,* 2005, 123 p.
- *Paroles de femmes autochtones,* 2006, 175 p.
- *Peuples autochtones d'Afrique et Objectifs de Développement du Millénaire,* 2007, 132 p.

5-7, rue de l'Ecole polytechnique ; 75005 Paris

http://www.librairieharmattan.com
diffusion.harmattan@wanadoo.fr
harmattan1@wanadoo.fr

ISBN : 978-2-296-04496-8
EAN : 9782296044968

Groupe International de Travail
pour les Peuples Autochtones (GITPA)

EXPLOITATIONS FORESTIÈRES ET PEUPLES AUTOCHTONES

L'Harmattan

Exploitations forestières et peuples autochtones est la traduction du n° 4/06 de *Indigenous Affairs,* la revue de l'IWGIA, *International Work Group for Indigenous Affairs.*

Responsable de la publication :
Patrick Kulesza
Responsable des traductions :
Simone Dreyfus-Gamelon
traduction par chapitre voir note en première page de chaque chapitre
Révision :
Joëlle Chassin
Maquette :
www.lasouris.org

GITPA
Groupe International de Travail pour les Peuples Autochtones
Rédaction et achat :
3, rue de la Châtaigneraie
92310 Sèvres
Tel : 06 78 28 21 55
Fax : 01 46 26 81 73
Courriel : gitpa.iwgiafrance@wanadoo.fr
Site Internet : www.gitpa.org

IWGIA

GITPA
IWGIA
FRANCE

Sommaire

Introduction*

Par Sille Stidsen et Marianne Wiben Jensen

«*Pourquoi les communautés vivant en forêt devraient-elles entrer dans des accords de gestion de ces forêts où elles ont vécu et qu'elles ont géré depuis des siècles?*» demande Sena dans son article de ce volume sur la forêt Mau du Kenya. Cette question est au cœur du problème traité dans ce numéro 4 de «Questions Autochtones», à savoir les conflits d'intérêts soulevés à propos des forêts et de leurs ressources. De nombreux peuples autochtones dans le monde vivent dans ou autour des forêts. Leur style de vie est étroitement lié à ce milieu dont dépendent leur subsistance, leur revenu monétaire, leurs valeurs spirituelles et culturelles, leurs connaissances médicinales, leur survie même. D'une façon générale, on estime que les ressources forestières fournissent les moyens d'existence à 60 millions d'autochtones qui y puisent leur intégrité culturelle. Mais la vie de ces peuples est menacée par l'empiétement des compagnies d'exploitation industrielle du bois et par toutes les entreprises qui veulent tirer profit des ressources de la forêt.

Durant l'année 2006 IWGIA s'est beaucoup impliqué dans les discussions sur l'exploitation durable des forêts. L'association est membre d'un groupe de conseil du Fond d'Industrialisation Danois pour les pays en développement (IFU) concernant le prêt que ce fond a consenti à la Congolaise Industrielle des Bois (CIB), que possède maintenant la grande compagnie danoise Dalhoff Larsen & Horneman. Étant l'une des premières compagnies d'extraction de bois en Afrique centrale, la CIB a récemment obtenu la certification FSC (Forest Stewardship Council) pour certaines parties de sa grande concession en République du Congo (Voir à ce sujet l'article de Jerome Lewis et John Nelson). Le groupe conseiller de l'IFU a visité la concession de la CIB en novembre 2006 et, sur un large accord, a déclaré que cette Compagnie accomplissait un travail pionnier qui pourrait servir d'exemple aux autres compagnies d'extraction dans la région et ailleurs. IWGIA est aussi membre d'un groupe de conseil du ministère danois de l'environnement qui est en train de réviser les guides destinés

* Article traduit de l'anglais par Dreyfus - Gamelon S., révisé par Chassin J.

à l'information du public pour l'achat de bois tropicaux. Avec d'autres ONG qui partagent ses vues, IWGIA cherche à s'assurer que les guides d'achat recommanderont les bois exploités selon les meilleures normes possibles, issus de forêts dont la gestion est durable et respecte les droits fondamentaux des autochtones.

Dans ce volume de «Questions Autochtones» nous souhaitons contribuer à l'analyse des interactions complexes entre les politiques, les lois régissant la gestion des forêts, les opérations des compagnies d'extraction du bois et leurs effets, le marché que ces compagnies fournissent et, par dessus tout, les normes internationales qui, d'une façon ou d'une autre, définissent le cadre dans lequel s'effectue la gestion du monde forestier.

Menaces sur les moyens d'existence des autochtones

Presque tous les articles portent témoignage des souffrances que l'exploitation et la diminution des forêts causent à leurs habitants autochtones. Dans le bassin du Congo, en Afrique centrale, l'exploitation industrielle et le commerce illégal de viande de brousse qui l'accompagne, menacent très sérieusement les communautés autochtones. Il y a d'ailleurs peu de tentatives faites pour promouvoir une exploitation durable qui protégerait les droits et les moyens d'existence de ces peuples. Lewis et Nelson, dans leur article, donnent une vue d'ensemble de la situation critique du bassin du Congo.

Mulvagh décrit la menace qui pèse sur la survie des Pygmées du fait du Code Forestier de la République Démocratique du Congo (RDC) qui donne la priorité à l'usage commercial et à un certain type de protection de la nature sur les besoins des communautés. La forêt assure leurs moyens de subsistance et leur accès aux plantes médicinales; il est crucial pour elles de maintenir leurs pratiques coutumières. Sans des mesures d'urgence, les terres, territoires et ressources des autochtones de la RDC seront irréversiblement dégradés, les privant des moyens physiques, culturels, économiques et spirituels de leur survie même. Nous voyons de même, au Gabon, comment les concessions d'exploitation sont délimitées et attribuées sans aucune consultation des Pygmées de la forêt dont le mode de vie traditionnel de chasseurs-cueilleurs n'est ni reconnu ni protégé par la loi (article de Knight). Ainsi que la décrit Kanyinke Sena, la situation est également sérieuse au Kenya où les moyens d'existence traditionnels des chasseurs-cueilleurs Ogiek de la forêt Mau sont menacés par une loi qui ne reconnaît pas leurs droits sur leurs terres et par une exploitation massive et incontrôlée du bois.

De grandes parties des forêts tropicales asiatiques ont déjà disparu à cause de cette exploitation agressive, destructrice et incontrôlée des forêts dont beaucoup ont été transformées en plantations commerciales. En Indonésie, des tentatives de décentralisation de la gestion des forêts permettent aux administrations locales, et non aux autorités nationales, d'avoir la charge de l'attribution de concessions. Malheureusement le résultat est, au mieux, mitigé. Même quand les compagnies exploitantes ont signé des contrats avec les communautés forestières locales, la participation de celles-ci et leur contrôle ne sont pas assurés, elles reçoivent à leur place une compensation économique limitée qui n'est qu'un revenu de courte durée. Après trois années de décentralisation, le gouvernement indonésien a décidé de recentraliser la gestion devant trop d'abus et d'exploitation incontrôlée du bois.

Approches innovantes

Certains articles de ce volume font connaître, cependant, des efforts récents et aboutis pour promouvoir le droit des autochtones à contrôler les ressources de leurs forêts ou, au moins, à réduire, sur leurs territoires, les conséquences négatives de l'exploitation industrielle du bois. Celui de Lewis et Nelson montre qu'une compagnie du nord Congo innove en impliquant les communautés pygmées de la forêt dans la cartographie de leurs ressources avant de décider des parcelles à abattre ou des routes à construire. Elle s'assure de cette façon que les sites de valeur spirituelle ou culturelle particulière ou les zones importantes pour la chasse seront protégés.

Au Canada, en Colombie britannique, un programme intégrant les approches traditionnelles (autochtones) et scientifiques de la gestion des forêts a été établi. Fondahl, Leon et Grainger décrivent ce programme, initiative conjointe des autochtones de la nation Tl'Azt'en et de l'université du nord de la Colombie britannique. Un de ses aspects essentiels est la connaissance des critères, indicateurs et valeurs autochtones en vue de la gestion durable de la forêt et de l'environnement. L'important est que ces critères particuliers mettent l'accent sur des valeurs sociales et culturelles aussi bien que sur des résultats économiques et écologiques.

Dans le Sapmi finlandais, les éleveurs saami de rennes ont obtenu récemment un succès dans leur lutte pour la reconnaissance et la protection de leur droit à pratiquer leur activité de subsistance traditionnelle. Lawrence et Raitio analysent le conflit, qui remonte aux années 1950, entre les éleveurs de rennes et l'industrie forestière étatique. Les intérêts sont clairement contradictoires du fait que les vieilles forêts du nord de la Finlande sont, aussi, des terres de pâture d'hiver accessibles aux Sami qui les considèrent comme faisant partie de leur territoire traditionnel, et riches en bois. Depuis 2002, la campagne conjointe des organisations politiques sami, des coopératives d'éleveurs individuels et des organisations écologistes a constitué de sérieux défis pour les opérations forestières dans la région et pour la politique finlandaise concernant les droits des Sami.

Acteurs principaux dans la protection des peuples autochtones des forêts

La protection des communautés autochtones des forêts contre une exploitation destructrice pose un problème complexe; beaucoup d'acteurs sont impliqués. En premier lieu, les gouvernements qui ont la responsabilité d'établir et de mettre en œuvre des lois conformes aux normes internationales des droits de l'homme et d'apporter une protection particulière aux droits des autochtones. En même temps la régulation du marché international de la filière bois est une question cruciale puisque la demande est mondiale et qu'elle est à la source de la surexploitation des forêts. Les pays consommateurs ont une responsabilité dans le développement de politiques qui interdiraient l'achat, la vente et l'importation de bois qui ne répondraient pas aux critères de durabilité de l'exploitation des forêts (voir l'article de Sille Stidsen).

Enfin et non des moindres facteurs, les compagnies forestières ont beaucoup de travail à faire pour accroître leur production tout en promouvant un développement durable. Il existe des critères de certification, reconnus internationalement, tels que ceux appliqués par le Conseil d'Intendance des Forêts (Forest Stewardship Council, FSC) qui encadrent une gestion durable et prennent aussi en compte sérieusement les droits des autochtones. La gestion d'une production durable est incontestablement compliquée et demande des planifications stratégiques à long terme. Mais il est possible de développer des moyens innovants d'assurer le consentement préalable, libre et informé des peuples autochtones et de les impliquer véritablement dans la gestion des forêts, même dans un environnement hautement compétitif comme le bassin du Congo, ainsi que le montre l'article de Lewis et Nelson.

Il est fondamental que la communication passe entre les compagnies et les peuples affectés par leurs opérations dans les forêts de la planète ; les organisations autochtones et les ONG ont un rôle crucial à jouer dans ce domaine. Elles doivent continuer à faire connaître les besoins et les revendications des autochtones aux responsables de la planification de la gestion des forêts (gouvernements, industriels et hommes d'affaires) qui les ignorent ou ne les comprennent pas. Plusieurs articles de ce volume (Lewis et Nelson, Fondhal, Leon et Grainger, Lawrence et Raitio) montrent l'importance de cartographier les terres qui fournissent la subsistance et sont les lieux des pratiques culturelles et cultuelles. Piloter les activités des compagnies dans les forêts et les informer des conséquences de leurs opérations sont également des tâches importantes. Enfin, la documentation réunie doit nous permettre d'agir puissamment, avec de nouveaux moyens, sur les responsables de la destruction des ressources forestières. Parmi ceux-ci, les campagnes nationales et internationales, la transmission des plaintes aux organisations de défense des droits de l'homme sont mentionnées dans ce volume.

D'immenses et rapides profits, une corruption largement répandue sont les principales raisons d'une exploitation irrémédiablement destructrice et illégale de la forêt. Cependant, il est de l'intérêt des États qu'une exploitation durable permette la régénération de leurs forêts et leur assure des rentrées économiques vitales. Pour qu'ils saisissent la signification et l'importance de l'exploitation durable et qu'ils achètent des bois qui en proviennent, une énorme tâche de sensibilisation des consommateurs mondiaux doit être effectuée. Cette tâche implique la réalisation d'efforts en commun et, si possible, de nouvelles alliances entre les responsables des industries du bois, des gouvernements et des ONG qui défendent l'environnement et les droits de l'homme.

L'exploitation du bois dans le bassin du Congo : y a-t-il de l'espoir pour le maintien des ressources des autochtones et de leur environnement ?*

Par Jerome Lewis et John Nelson

En Afrique centrale, les forêts tropicales humides du bassin du Congo sont encore, aujourd'hui et après le bassin de l'Amazone, parmi les plus vastes et celles qui présentent la plus grande biodiversité. Leur population est estimée à 29 millions d'habitants ruraux[1] comprenant environ 500 000 autochtones « pygmées[2] », anciennement ou actuellement chasseurs-cueilleurs[3].

---

*article traduit de l'anglais par Dreyfus - Gamelon S., révisé par Chassin J.

1. Les estimations de la population de cette région varient considérablement, certains allant jusqu'à évaluer à 50 millions les habitants des forêts du bassin du Congo.

2. Le terme « pygmée » est parfois utilisé de façon péjorative. Ce n'est pas notre intention ici où nous l'employons comme un terme général, très largement compris comme se référant à une population autochtone de chasseurs-cueilleurs actuels ou anciens d'environ 500 000 personnes, vivant dans les zones forestières d'Afrique centrale, et désignées localement par leurs propres noms tels que Baka, Bagyeli, Bayaka, Bambendjele, Babongo, Batwa, Ba'Cwa, Basua, Efe.

3. En raison de leur marginalisation socio-économique et de leur mode de vie semi-nomade, les données démographiques sur les chasseurs-cueilleurs sont très dispersées. Ce chiffre est basé sur les données actuellement disponibles, assorties des estimations et projections des chercheurs de terrain.

Le bassin du Congo

Au siècle dernier, les forêts du bassin du Congo ont été soumises à une exploitation intense par les chercheurs d'ivoire, de caoutchouc sauvage, de peaux, de gibier, de bois et, plus récemment, par les planteurs de café, de cacao, de caoutchouc et de palmiers à huile. Les compagnies d'exploitation du bois ont intensifié leurs activités dans les cinquante dernières années. Les communautés locales et autochtones ont toujours été de la première importance pour assurer le succès de ces entreprises industrielles et commerciales dont la masse des profits allait, cependant, dans la poche des étrangers. Autrefois, la participation des populations locales aux activités extractives était imposée par des moyens divers, incluant la coercition directe ou le travail forcé[4], l'esclavage et, plus fréquemment récemment, et encore aujourd'hui, de très bas salaires ou des paiements en nature.

Dans toute la région, les communautés autochtones pygmées affrontent la stigmatisation et une marginalisation sociale, politique et économique sévère de la part de leurs voisins villageois qui dominent l'économie, l'État et ses structures. Beaucoup de ceux-ci considèrent les Pygmées comme des animaux qui doivent être tenus à l'écart des villages, qui ne peuvent ni boire ni manger dans la même vaisselle qu'eux et qui ne jouissent d'aucuns droits fondamentaux. Ils tentent de tirer bénéfice de leur exploitation et s'arrogent des droits sur leur travail et leurs personnes. Ils parlent souvent de leurs droits sur les Pygmées en termes d'esclavage ou de servage. Comme beaucoup d'autres, les Pygmées Mbendjele de la République du Congo s'élèvent contre ces revendications de propriété les concernant mais ne voient pas leur intérêt à les rejeter publiquement parce que, s'ils considèrent les villageois comme dangereux, ils pensent qu'ils n'habitent la forêt que temporairement. De leur point de vue, les non-pygmées ne font que passer dans leur forêt alors que les pygmées ne la quitteront jamais[5]. En réalité, beaucoup de communautés non-pygmées du bassin du Congo se sont établies dans des zones de forêts éloignées à la recherche de travail, de minerais ou pour faire du commerce et y sont restées pour cultiver ou

4. Par exemple à l'époque du commerce du caoutchouc sauvage.
5. Voir Lewis, 2002, *Hunter-gatherers and their world*, thèse de doctorat, université de Londres, 2002, p. 208.

créer des plantations[6]. Elles sont nombreuses à dépendre maintenant du travail des Pygmées pour l'entretien de leurs plantations[7].

Menaces sur les forêts et leurs habitants

Différents groupes étrangers continuent de dominer le commerce de viande d'animaux sauvages et l'exploitation du bois. Ces dernières années, du fait de plusieurs facteurs mais particulièrement de la croissance démographique urbaine, la demande de viande d'animaux sauvages a augmenté en même temps que, sur le marché international, celle de bois précieux africains[8]. L'exploitation de la viande et celle du bois sont liées dans la plupart des régions du bassin. Avec l'abattage du bois viennent généralement la construction de routes, l'immigration et le développement de substantielles infrastructures locales. Pour satisfaire la demande locale on assiste à l'émergence de réseaux de trafic de viande qui, inévitablement, s'associent aux marchés urbains. Des trafiquants et des chasseurs professionnels dominent ces réseaux lucratifs, souvent contrôlés par des notables riches et puissants.

Ces cinq dernières années, des rapports émanant de communautés autochtones du Cameroun, du Gabon, de la République centrafricaine et de la République du Congo, montrent qu'une compétition croissante pour les produits de la forêt s'est établie entre ces réseaux urbains et les communautés autochtones, menaçant celles dont les moyens d'existence dépendent de la forêt[9]. Dans certaines régions, le danger vient directement des braconniers étrangers, munis d'armes puissantes qui concurrencent les instruments de chasse traditionnelle des Pygmées Bagyeli ou Baka[10].

---

6. Par exemple Pokola, au nord de la république du Congo, a maintenant une population de plus de 15 000 personnes ; en 1999 elle n'en comptait que 9 000.
7. Dans la plupart des régions rurales du bassin du Congo, l'expression « communautés locales et autochtones » se réfère aux communautés locales sédentaires axées sur l'agriculture mais pratiquant aussi la chasse, vivant auprès de communautés « pygmées » de chasseurs-cueilleurs semi-nomades. Beaucoup de ces communautés originaires d'autres régions que celles qu'elles occupent actuellement, reconnaissent qu'à l'arrivée de leurs ancêtres, les autochtones pygmées, chasseurs-cueilleurs, utilisaient déjà la forêt.
8. La Chine et l'Europe dominent la demande actuelle.
9. Forest Peoples Programme (www.forestpeoples.org).
10. Dans et autour du parc national Campo Ma'an et de la réserve de vie sauvage Dja, par exemple (www.forestpeoples.org).

Toute la région est de plus en plus menacée par l'exploitation intensive et croissante des ressources de la forêt et de la vie sauvage auxquelles les autochtones n'ont plus accès. De nombreuses communautés autochtones sont prises au piège dans la compétition où s'affrontent les intérêts des puissants lobbies étrangers, comprenant les compagnies forestières internationales qui obtiennent de facto le contrôle du développement local dans la zone de leurs concessions et arrachent des arbres d'importance vitale pour les autochtones.
Les dangers proviennent aussi :

- des commerçants de viandes de brousse qui utilisent les infrastructures de l'exploitation du bois et vident ces zones forestières de leur gibier ;
- des tours opérateurs de safari, agissant dans l'illégalité, qui essaient d'empêcher les autochtones d'accéder à ce qui reste de forêt encore utilisable pour eux ;
- des organisations internationales de protection de la nature qui ont réagi aux menaces très réelles sur la vie sauvage en imposant une gestion militarisée des zones protégées.

En conséquence, il est de plus en plus dangereux et difficile pour les autochtones de la forêt d'avoir accès aux ressources dont leur culture et leurs moyens d'existence dépendent.

La différence colossale de pouvoir entre les compagnies industrielles et ces communautés signifie que l'intérêt de ces dernières a très peu d'influence sur les décisions des industriels concernant l'utilisation des ressources de la forêt. Les compagnies forestières obtiennent généralement des gouvernements centraux des droits à ces ressources sans aucune consultation ni implication des populations locales dans la gestion des zones qu'elles occupent aussi. Et ceci bien que les ressources exploitées industriellement soient essentielles à la survie et au bien-être des groupes les plus pauvres et les plus vulnérables de la région.

Réponses officielles aux menaces

Durant la dernière décennie, un important soutien international a été apporté aux gouvernements nationaux qui ont répondu aux menaces sur les forêts et sur la vie sauvage en créant des parcs, des réserves et

Le cartographe Mbendjele, Pjongwa, montre le fonctionnement de l'ordinateur portable utilisé dans les opérations de cartographie. Photo : Marianne Wiben Jensen.

Apposition de peinture blanche sur les arbres pour leur protection. Photo : CIB.

d'autres types de zones protégées. Ces mesures s'appuient de plus en plus sur des accords intergouvernementaux qui promeuvent la protection de la biodiversité[11]. Elles ont abouti à une rapide augmentation des zones protégées dans le bassin du Congo. En Afrique centrale[12], plus de 450 000 km^2 en font partie[13] constituant presque 11 % de la région ; une superficie égale à celle du Cameroun. Selon les agences internationales, la superficie totale des zones à protéger dans le bassin du Congo est de presque trois fois ce montant[14].

Ces dernières années, cette politique a eu pour conséquence de lier les investissements importants des bailleurs de fonds internationaux dans les zones protégées à l'établissement et à l'application de nouvelles lois et réglementations régissant l'accès aux forêts et leur utilisation, particulièrement celles où l'on exploite le bois[15]. Cela suppose une plus grande responsabilisation dans l'attribution des concessions d'exploitation et impose aux exploitants l'obtention de certifications.

La réglementation établie par le *Forest Stewardship Council* (FSC) est l'un des ensembles de prescriptions à mettre en application pour les certifications dans le bassin du Congo. Cet ensemble est le plus important de toute la zone tropicale[16] et le plus apprécié en Afrique centrale[17]. Le FSC veut promouvoir une gestion responsable des forêts mondiales qui soit économiquement viable, appropriée à l'environnement et bénéfique. Des inspections et des audits sont effectués par des spécialistes réputés indépendants mais qui sont payés par les compagnies forestières qu'ils soumettent à audit.

11. Par exemple, la Convention sur la Diversité Biologique, traité international qui engage les nations à protéger la biodiversité, signé par tous les pays africains et qui est lié à un financement multilatéral du secteur de l'environnement.
12. Le Cameroun, le Gabon, la République du Congo, la République Démocratique du Congo, la République centrafricaine, l'Ouganda, le Rwanda, le Burundi seulement ont été inclus dans cette analyse.
13. Catégories de I à VI, selon la classification de IUCN (Union Internationale pour la Conservation de la Nature).
14 WWF, 2006, *A Vision for Biodiversity Conservation in Central Africa : Biological Priorities for Conservation in the Guinean-Congolian Forest and Freshwater Region*, Washington DC WWF-US.
15. La loi de 1994 sur les forêts au Cameroun, par exemple.
16. UNECE et UNFAO, 2006, *Annual Market Review 2005-2006*, Rome FAO.
17. Globalement, la Banque mondiale et WWF ont pour objectif la certification de 200 millions d'hectares en gestion durable.

Une fois la certification FSC obtenue, les compagnies forestières peuvent vendre leur bois en Europe jusqu'à 30% de plus par mètre cube. Étant donné le prix élevé du pétrole ce profit supplémentaire est une importante incitation pour elles à bloquer les terres du bassin du Congo. En outre, celles qui veulent continuer à commercer avec l'Union européenne savent que le pays dans lequel elles opèrent devra se conformer formellement aux exigences de l'Union sur la parfaite légalité de l'exportation du bois. L'estampille FSC sur les bois le garantit et, par conséquent, assure un accès à long terme aux marchés européens.

Le cas de la Congolaise Industrielle des Bois (CIB) au nord Congo

Ces cinq dernières années, la CIB a exploité en respectant les normes, principes et critères établis par la FSC[18]. Une de ses cinq concessions est maintenant certifiée. Elle envisage de faire certifier toutes ses opérations, couvrant 1 million 300000 hectares dans la région de Sangha, au nord de la République du Congo. Avec l'appui du Tropical Forest Trust (TFT), la CIB prend au sérieux les principes du FSC. Cela l'a entraînée dans un processus de longue haleine pour améliorer profondément sa compréhension de l'écosystème dont elle tire profit; elle a développé des procédures pour minimiser l'impact inévitable, sur la forêt et sur les autochtones qui en dépendent, de l'extraction du bois. Le sérieux de cet engagement de la CIB à se plier aux normes du FSC a rendu possible de nouvelles relations avec les autochtones qui pourraient devenir un modèle pour les autres compagnies.

À la fin des années 1990, la CIB a créé un bureau pour coordonner les recherches nécessaires pour compléter l'inventaire de toutes les concessions forestières, pour développer systématiquement des procédures visant à réduire l'impact de l'exploitation sur la situation locale et pour lancer des études socio-économiques parmi les 25000 habitants de la région. Outre les nombreux experts de la région appelés en consultation, la CIB a employé sept permanents et 140 chercheurs

18. www.fsc.org.

de terrain qui parcoururent de long en large les 1 300 000 hectares de concessions pendant trois ans, comptant et mesurant 800 000 arbres commercialisables et cartographiant les zones de forêt. Les inventaires faunistiques ont dénombré 9 500 éléphants de forêt, 4 000 chimpanzés et 23 000 gorilles dont les ressources forestières sont protégées. Utilisant des instruments cartographiques spéciaux, les autochtones illettrés sont encouragés à cartographier les zones où se trouvent leurs ressources traditionnelles de base, avant que ne commence l'exploitation de la forêt ; on s'assurera ainsi que ces ressources ne sont pas endommagées ou détruites sans leur consentement préalable, libre et informé. La CIB utilise toutes ces informations avant de programmer les abattages de bois, afin de minimiser les perturbations de l'écosystème forestier et de la grande faune et d'éviter les dommages aux ressources de base ou aux sites religieux ou culturels des populations autochtones.

Reconnaissance des droits des peuples autochtones

La CIB a formellement reconnu, dans toutes ses concessions, les droits des peuples autochtones sur leurs zones et sur leurs ressources traditionnelles et a accepté la mise en place de processus assurant, avant l'abattage des arbres, leur consentement préalable, libre et informé. Le Trust des forêts tropicales a aidé la CIB à obtenir un financement de la Banque mondiale pour l'acquisition d'instruments cartographiques adaptés aux besoins des autochtones et pour l'établissement d'une station de radio émettant en langues autochtones facilitant le partage de l'information et le dialogue. Avec le soutien d'Helveta Ltd., une société d'informatique britannique, les autochtones illettrés ont eu à leur disposition des ordinateurs comportant des logiciels iconiques (en images) permettant la cartographie et des systèmes GPS d'enregistrement de l'espace. Ainsi, il n'est pas nécessaire d'être alphabétisé pour enregistrer valablement les ressources de base menacées par les activités industrielles.

Les cartes ainsi produites constituent, pour les communautés des forêts qui en sont propriétaires, un nouveau langage leur permettant de faire connaître leurs préoccupations aux dirigeants des compagnies. Ceux-ci peuvent systématiquement et efficacement en tenir compte dans leurs plans de gestion de la forêt et repérer les zones de conflits potentiels dans les négociations et discussions ultérieures. Là où l'inégalité des pouvoirs et les différences de langage rendent difficile et souvent inefficace la communication en face à face, ces nouvelles techniques permettent aux deux parties de prendre en considération équitablement leurs exigences respectives. La CIB peut maintenant montrer qu'elle respecte les ressources de base que les autochtones lui ont fait connaître et qu'elle prend les mesures nécessaires pour les repérer et les protéger durant les abattages. En cas de conflit, la CIB dispose d'un mécanisme de résolution acceptable pour toutes les parties. Les ONG extérieures ont accepté de piloter ce mécanisme pour s'assurer que les conflits se résolvent avec le consentement préalable, libre et informé des parties.

Ce système cartographique, basé sur le travail des communautés et reconnu par la CIB, permet à toutes les communautés autochtones de posséder une documentation sur leur forêt, conformément aux principes du FSC. Les cartes montrent les utilisations de la forêt et les ressources de base des autochtones; elles sont très significatives et donnent des arguments concrets dans les négociations avec la CIB. Avec les années, une cartographie de plus en plus détaillée des usages de la forêt dans les concessions s'avérera très utile en cas de disputes ou de revendications compétitives. Cette institutionnalisation de la documentation, à l'usage des communautés et pour la protection de la forêt, est un modèle pour le bassin du Congo. Elle apporte une contribution aux discussions en cours sur la protection légale de ces droits par le gouvernement du Congo.

Radio communautaire

Il est prévu qu'une radio communautaire cherchera à donner à ceux qui ne savent pas lire, donc aux habitants autochtones des forêts, la possibilité de connaître leurs droits, de dialoguer entre eux et de s'informer sur les problèmes auxquels ils doivent faire face. Des émissions locales faites, dans leur propre langue, par des membres des communautés autochtones, diffuseront l'information dans des débats qui contribueront à leur donner les connaissances nécessaires à leur confrontation avec les directeurs des compagnies. Ceux-ci pourront utiliser la radio pour informer valablement les populations de la forêt des questions qu'ils veulent discuter ou considérer dans le cadre de leur gestion.

De même, l'ensemble des communautés aura la possibilité d'entendre ce que les directeurs disent dans des réunions avec certains de leurs membres et ce que ces derniers répondent. Ainsi, les participations aux réunions seront plus grandes que jamais et tout le monde – hommes, femmes et enfants – sera à même de comprendre les problèmes posés. Ceci vise à éviter les nombreux pièges suscités par l'existence imposée de représentants à des populations égalitaires qui n'ont pas l'habitude de déléguer des pouvoirs à des représentants à qui l'on fait prendre d'importantes décisions en espérant qu'ils rendront compte au reste du groupe qu'ils sont censés représenter. Ce projet est en cours de réalisation. Compte tenu de la persistance de l'engagement de la CIB, on peut espérer raisonnablement que la radio réalisera la plupart de ces objectifs.

Les défis qui demeurent

D'autres questions restent soulevées par la mise en place de la cartographie. Le comportement brutal des « éco-gardes » contre les autochtones semi-nomades a conduit à la rupture des usages traditionnels de la forêt. Les gens ont peur de chasser et de s'éloigner. Ils sont fréquemment recherchés, menacés et même battus par les gardes. En conséquence, et malgré la bonne volonté de la CIB, les autochtones ne pourront pas dresser une cartographie complète car ils risquent d'oublier de mentionner des ressources dont ils n'ont pas fait usage depuis plusieurs années. En outre, quoique les cartes soient lisibles par les membres des communautés qui ont contribué à les établir, elles restent difficiles à lire et confuses pour les autres. Ces problèmes sont posés mais non résolus.

Certaines ONG locales ont été d'accord pour agir comme conseillers indépendants pour les questions sociales sur les concessions de la CIB. Cette ouverture à des observateurs extérieurs a conduit l'un des partenaires, l'Observatoire Congolais des Droits de l'Homme (OCDH) à étudier les cas de violations de droits commis par des gardes.

L'OCDH a formellement protesté auprès de la Société pour la Conservation de la Vie Sauvage (*Wildlife Conservation Society*,

WCS) chargée de la gestion des gardes. La WCS a mené sa propre enquête à la suite de laquelle elle a renvoyé certains gardes, entrepris une réforme de son système et inclus des modules sur les relations publiques et sur les droits de l'homme dans ses sessions de formation. Seule une continuelle vigilance nous apprendra si ces changements ont résolu le problème ou si d'autres actions sont nécessaires.

Quoique bien des obstacles demeurent, le cas de la CIB montre que, quand les processus mis au point par le FSC sont consciencieusement suivis et ses principes sérieusement appliqués, il existe des possibilités de transformer les pratiques de l'abattage du bois en une gestion de la forêt respectueuse des droits de tous ses usagers et assurant un avenir à long terme pour une extraction durable. Cependant les processus actuels sont encore fragiles ; ils dépendent de la bonne volonté et de la détermination de certains individus importants capables de maintenir les compagnies sur cette voie jusqu'à ce que les principes du FSC soient totalement admis par tous les décideurs et institutionnalisés dans les structures de gestion locales.

La FSC protège-t-elle, ou non, les droits des communautés ?

La validité d'un certificat de la FSC comme moyen de s'assurer que la forêt est durablement exploitée et gérée avec responsabilité est actuellement entravée. Alors que des compagnies comme la CIB ont massivement investi financièrement pour obtenir une solide certification, d'autres sont beaucoup moins engagées. Certaines, avec l'aide des certificateurs de la FSC, cherchent à couper court pour obtenir le certificat le plus vite possible, avoir un accès rapide aux marchés d'Europe et avoir leur part de gâteau. Il en résulte un lent glissement vers la mention d'indication du genre : ils sont sur la bonne voie, plutôt que la soumission effective aux normes énoncées dans les principes du FSC. C'est l'inévitable conséquence de l'acceptation par les certificateurs d'un bas niveau de preuves[19]. En

19. Lettre des Amis de la Terre du Cameroun, des Pays-Bas et de la France, du Centre pour l'environnement et le développement du Cameroun, du Programme pour les peuples de la forêt de Grande-Bretagne et de Greenpeace international à la FSC de novembre 2006.

conséquence certains jugent non crédibles les audits du FSC qui aboutissent à la délivrance de certifications douteuses. Au Cameroun, par exemple, des compagnies d'exploitation européennes prédatrices se sont ruées dans les voies ouvertes par la FSC, malgré les hurlements des critiques contre le très bas niveau des normes acceptées pour la certification.

Cette ruée vers la certification et la dépréciation des normes du FSC dans le bassin du Congo qu'elle entraîne, peuvent être expliquées en partie par le problème structurel des modèles de certification en vigueur dans un marché libre. Puisque le FSC ne représente pas les compagnies forestières, des sociétés d'audit internationales se font les intermédiaires entre ceux qui veulent obtenir les certificats et ceux qui les délivrent. Ces auditeurs sont en compétition les uns avec les autres pour attirer les clients. Les pressions du marché sont par conséquent considérables pour que chacun apparaisse comme celui qui réussit le mieux à faire obtenir les certificats. Sinon, d'autres clients ne voudraient pas de leurs services. Certains auditeurs sont donc tout à fait prêts à fermer les yeux devant des manquements au respect des critères les plus difficiles et le FSC continue de garder le silence sur la baisse de qualité dans le bassin du Congo.

Suffisamment de preuves existent maintenant pour définir ce qui constitue une solide certification du FSC dans le bassin du Congo. Le FSC doit être plus actif: travailler à gommer les inacceptables différences de normes appliquées par les auditeurs, présenter des directives plus claires à ceux qui veulent obtenir les certificats et agir rapidement, et de manière décisive, quand des certificats attribués soulèvent des doutes sérieux. Le FSC doit maintenir le niveau de ses normes, sinon à quoi bon le FSC ?

Si le FSC perd sa crédibilité parmi les décideurs du bassin du Congo, les communautés autochtones en souffriront et le continuel et difficile travail des compagnies forestières qui respectent la lettre et l'esprit des principes et des critères du FSC sera entravé. Il s'ensuivra que les compagnies cherchant la certification du FSC ne seront plus incitées à remplir les tâches substantielles que requiert la conformité aux critères et aux principes de responsabilité sociale qui ont eu des impacts si positifs sur la reconnaissance et le respect des droits des peuples de la forêt.

Le cas de la CIB montre clairement que, quand les compagnies d'exploitation du bois décident réellement de travailler correctement, on peut s'attendre, pour les peuples de la forêt, à des changements massifs, impensables il y a une décennie.

Arbre Afromosia.
Photo Cath Long ; Rainforest Foundation.

L'impact de l'exploitation commerciale du bois et des politiques de gestion de la forêt sur les populations autochtones de la République Démocratique du Congo*

Par Lucy Mulvagh

Il est largement reconnu que les chasseurs-cueilleurs autochtones des forêts de haute altitude de la région des Grands lacs d'Afrique centrale (Burundi, RDC, Ruanda et Ouganda) furent les premiers habitants de la République Démocratique du Congo (RDC), ultérieurement rejoints par des immigrants agriculteurs et éleveurs. Quatre groupes de ces autochtones, appelés « Pygmées », se répartissent sur le vaste territoire de la RDC : les Bambuti, les Bacwa, les Batwa occidentaux et les Batwa orientaux. Faute d'un recensement démographique national, leur nombre total est inconnu et son estimation varie de 270 000 à 4 millions de personnes qui représentent approximativement de 0,4 % à 7 % de la population totale[1].

---

* Article traduit de l'anglais par Dreyfus - Gamelon S., révisé par Chassin J.

1. L'estimation à 270 000 se trouve dans le rapport du Groupe de Travail sur les Populations et Communautés Autochtones (2005) de la Commission africaine des Droits de l'Homme et des Peuples, p. 6 ; celle à 4 millions se trouve dans ARD, « Inc. Conflict Timber : Dimensions of the problem », *Asia and Africa*, vol. III : *African Cases- Final Report submitted to the United States Agency for International Development*, Vermont, USA, p. 17.

Au cours des années, les forêts étant abattues par les agriculteurs ou transformées en zones protégées par l'État ou les organismes de protection de la nature, nombre des autochtones qui les habitaient furent forcés d'abandonner leur mode de vie traditionnel basé sur la chasse et la cueillette. Par la dégradation de leur refuge forestier, leur expropriation et leur expulsion, ils furent victimes des préjugés croissants et de la discrimination infligés par la culture dominante qui les méprise en raison de leur origine ethnique «pygmée».

Discrimination raciale contre les autochtones en RDC

Bien que la RDC ait depuis longtemps ratifié nombre de traités internationaux prohibant la discrimination raciale, les autochtones y souffrent d'une discrimination qui se manifeste par les stéréotypes raciaux, l'exclusion sociale, les violations systématiques de leurs droits humains et qui transcende celle dont souffrent les autres groupes. Les «Pygmées» sont considérés comme arriérés, infantiles, sous-développés et immoraux et sont fréquemment sujets à des arrestations arbitraires, des attaques physiques et des expropriations illégales de terres. On ne les juge pas capables d'être représentants d'eux-mêmes ou d'autres et leur participation aux affaires politiques et sociales de la RDC demeure proportionnellement très faible.

La situation d'ensemble de la population autochtone est notablement pire que celle de la population nationale, notamment par ses mauvaises conditions de vie et son peu d'accès aux services de santé et d'éducation. La pauvreté et l'exclusion sociale créent un cercle vicieux, l'une renforçant l'autre, perpétuant ainsi l'indigence et la marginalisation des «Pygmées».

Protection de la nature et violation des droits autochtones sur la terre et les ressources

Malgré ses obligations légales internationales, le gouvernement de la RDC ne reconnaît ni ne protège les droits des autochtones à posséder, exploiter, contrôler et utiliser leurs territoires et leurs ressources communautaires. Il n'a pas davantage délimité ou cadastré les terres autochtones ni pris aucune mesure pour effectivement garantir et sécuriser leurs droits. Le droit coutumier des Bantous, groupe dominant en RDC, ne reconnaît pas les droits des autochtones qui peuvent être dépossédés de leurs terres, sans recours. Ainsi, la loi congolaise sur la terre permet de classer les terres des autochtones comme « inoccupées » et de les attribuer arbitrairement à d'autres.

La forêt joue un rôle essentiel pour assurer le bien-être physique, spirituel et économique des « Pygmées » qui souffrent, sans elle, d'une extrême pauvreté et d'une mauvaise santé. La plupart d'entre eux pensent que leur vie serait meilleure s'ils y vivaient car ils auraient ainsi accès à des moyens sécurisés de subsistance, à des plantes médicinales et qu'ils pourraient pratiquer leurs coutumes. Leur sécurité et leur intégrité sont mises en grand danger par la création de zones protégées sur leurs territoires traditionnels et leur exclusion de ces zones qui en a fait des « réfugiés du protectionnisme de la nature »[2].

Ces réfugiés, expropriés et expulsés des zones protégées, sont devenus des squatters vivant en marge de la société. Pour survivre ils ont dû cultiver les terres des autres dans des conditions qui s'apparentent aux travaux forcés. Les communautés n'ont reçu aucune compensation ni réparation pour leurs pertes et l'accès à leurs terres, incorporées aux parcs nationaux, leur est toujours refusé[3].

Par exemple, dans les années 1960 et 1970, sans consultation ni consentement préalables, des centaines de familles autochtones furent expulsées de la forêt de Kahuzi-Biega, dans l'est de la RDC, pour créer une zone de protection pour les gorilles de basses terres. Jusqu'à maintenant, les autochtones n'ont pas accès à la zone, ils n'ont reçu aucune compensation pour la perte de leur territoire et de leurs ressources traditionnelles. Leur bien-être et leur intégrité culturelle ont été gravement endommagés[4]. Ils n'ont tiré aucun bénéfice du parc national et ne participent pas à sa gestion.

---

2. Le terme « réfugiés du protectionnisme de la nature » (en anglais *conservation refugees*) a été créé pour décrire l'impact massif et affaiblissant sur les peuples autochtones d'Afrique centrale des politiques de protection de la nature telles que la création de parcs naturels qui « placent les droits de la nature avant ceux des peuples » et qui ont provoqué leur dépossession et leur déplacement forcés. Voir : Dowie M., « Conservation Refugees : When protections nature means kicking people out », *Orion Magazine*, nov-déc.2005 ou http://www.orionline.org.
3. Voir Lewis J. et Knight J. 1995, *The Batwa of Rwanda : Assessment of the Situation of the Batwa and promotion of Batwa Rights in Post-War Rwanda*, WRM & IWGIA, Copenhague.
4. Barume A.K. (2000), « Heading Towards Extention ? Indigenous rights in Africa : the case of the Twa of the Kahuzi-Biega National Park, Démocratic Republic of Congo », *op. cit.* ; Nelson J. and Hossack L. (2003), « Indigenous Peoples and Protected areas in Africa : From Principles to Practice », *op. cit.*

Certains sont employés comme pisteurs, d'autres sont temporairement engagés pour la construction des routes. Il n'existe aucun plan d'ensemble pour résoudre la question des droits des autochtones. Les terres autochtones du parc national de Kahuzi-Biega sont devenues propriétés de l'État, les activités privées y sont prohibées d'où l'interdiction faite aux Pygmées d'y mener leur mode de vie traditionnel et l'extinction unilatérale de leurs droits de propriété. Les autochtones considèrent que le territoire du parc est à eux depuis des temps immémoriaux; ils maintiennent des liens psychologiques, spirituels et culturels très forts avec la forêt. Jusqu'à aujourd'hui ils contestent l'expropriation de leurs terres et leurs pertes. Les autorités du parc refusent néanmoins de les laisser entrer et il n'est pas rare que des autochtones disent avoir été atteints par une arme ou accusés de «braconnage», harcelés ou pire encore s'ils essayent de pénétrer dans le parc.

Malgré les combats en cours dans la RDC et le mode d'exploitation de la terre et des ressources naturelles qui les entourent, plusieurs communautés autochtones ont plus ou moins réussi à maintenir un mode de vie et une culture de chasseurs-cueilleurs. Ceux-ci ont échappé à une aussi forte discrimination raciale et à la dépossession que subissent ceux qui ont été expulsés de la forêt. Mais, au mépris des droits des autochtones, les plans de création de nouvelles zones de forêts protégées et l'augmentation de l'exploitation commerciale du bois (conformément au Code de la Forêt de 2002 et avec l'appui de la Banque mondiale) laisse penser qu'ils connaîtront le même destin que leurs autres congénères.

Le zonage des forêts, l'exploitation commerciale des ressources et le rôle de la Banque mondiale

En 2002, la RDC a adopté un nouveau Code Forestier et, en conséquence, une série de lois d'application qui a rendu effectives ses dispositions. Le Code Forestier détermine des zonages des forêts congolaises dont au moins 40% sont attribuées à l'exploitation commerciale et 15% à leur conservation. Quoique décrétées «protégées» dans le Code, les forêts restantes (au moins 45%) seront l'objet de concessions; toutefois le pourcentage de forêts qui seront homologuées comme possessions autochtones (s'il y en a) demeure inconnu et n'est pas actuellement pris en considération.

Pierre Bonkono, activiste Batwa, à proximité d'un buldozer dans la forêt proche du village Yayimbo. Photo Théo Gatta, CENADEP.

Alors que la Banque mondiale a accepté de financer les réformes des secteurs miniers et forestiers, les droits des populations autochtones ne sont pas pris en compte dans ces réformes et, à présent, la RDC n'a aucun cadre légal pour réguler ou contrôler l'impact environnemental de l'exploitation forestière. Selon la Banque mondiale, le plan de zonage pourrait affecter au moins 300 000 autochtones et, au total, 35 millions de personnes vivant dans la forêt ou dépendant d'elle pour leur survie. L'absence de consultation ou de participation des autochtones dans les premiers projets pilotes de zonage, conduits avec l'aide de la Banque mondiale et de la FAO, est très inquiétante.

L'accroissement de l'exploitation forestière par les concessionnaires de la filière-bois exacerbe et intensifie les menaces sur la sécurité physique, culturelle, spirituelle et économique des autochtones et a déjà eu pour conséquence de nouvelles dépossessions et des dommages irréparables. Les communautés, même celles qui vivent dans la zone ne sont pas consultées préalablement à l'octroi de concessions. En dépit du moratoire de mai 2002, prolongé jusqu'en novembre 2005, l'État congolais a admis la poursuite de l'exploitation en RDC en octroyant 103 concessions (équivalentes à 147 426 km^2 de forêts) depuis la mise en place du moratoire. De plus, la Banque mondiale prévoit un accroissement potentiel de l'abattage de 60 % en RDC et la création d'« un climat favorable à l'exploitation industrielle du bois ». Une région équivalente à 600 000 km^2 (plus grande que la France) doit être considérée comme zone de « forêts productives ».

En 2005, un décret présidentiel a stipulé que les titres des concessions forestières attribués avant l'adoption du Code forestier doivent être « convertis » en titres nouveaux, faute de quoi la forêt redeviendra propriété d'État. L'application de cette législation, également favorisée par la Banque mondiale, a été suspendue pendant la période électorale, mais elle constitue une menace supplémentaire sur les droits et moyens d'existence des populations autochtones si l'État n'entreprend pas avec elles des consultations approfondies, assurant leur participation informée, ne reconnaît pas leur propriété coutumière et leurs droits d'usage et ne délimite pas ni n'homologue leurs terres et territoires. Avant l'établissement de la liste des demandes de conversion publiée par le gouvernement, il n'y eut, à notre connaissance, aucune consultation ou participation des communautés autochtones, malgré les assurances de la Banque mondiale que le principe de consentement préalable, libre et informé serait respecté. Pour le moins, toutes les concessions attribuées après le moratoire devraient être déclarées illégales et les titres abrogés.

En octobre 2005, des organisations autochtones déposèrent une plainte auprès de la commission d'inspection de la Banque mondiale, demandant une enquête sur les activités du gouvernement et de la Banque. Entre autres, la plainte fait état de graves violations des principes de la Banque concernant la sauvegarde des populations autochtones et l'évaluation de l'impact environnemental. Le rapport de la commission d'inspection note que la Banque mondiale a reconnu qu'elle avait pu agir trop rapidement dans son appui aux réformes du secteur forestier et qu'elle n'était pas en pleine conformité avec sa propre politique de sauvegarde des populations autochtones (directive opérationnelle 4.20). Bien qu'elle reconnaisse l'importance de contacter localement les communautés autochtones, la Banque déclare ne pas l'avoir fait parce que « les zones de forêt sont toujours inaccessibles ». Elle reconnaît le défaut de consultations adéquates de ces communautés et le besoin « d'établir plus de communications directes avec les dirigeants pygmées et leurs communautés » ; elle s'est engagée à préparer un Plan sur les populations autochtones

À la suite d'une première visite en RDC, en janvier 2006, pour vérifier la recevabilité de la plainte, la commission d'inspection a annoncé qu'elle procéderait à une investigation complète. Malheureusement une autre visite de l'inspection, prévue pour mai 2006, fut reportée en raison de l'insécurité de la période électorale et reprogrammée pour octobre 2006. La commission a indiqué, très récemment, que sa prochaine visite se ferait en février 2007 ; elle déclare ne pas pouvoir publier son rapport d'enquête avant cette visite. Au moment de la rédaction de cet article (en 2006 dans sa première version, en anglais) nous n'avons pas d'indication sur ce que la commission publiera ou sur les décisions que prendra, à la lumière du rapport, le Conseil des directeurs de la Banque mondiale. Comme la compétence de celui-ci ne concerne que la Banque mondiale, l'action doit être dirigé vers l'État congolais et doit mettre en question ses activités et ses omissions qui ont eu pour conséquence la menace d'immédiats et irréparables dommages aux populations autochtones de la RDC.

La législation forestière coupable de discrimination envers les populations autochtones

Le Code Forestier de 2002 est outrageusement discriminatoire en ne reconnaissant pas l'existence de populations autochtones et en ne protégeant pas leurs droits. Il ne respecte pas la différence de leurs organisations socioculturelles et politiques et les force à adopter des structures étrangères pour obtenir des titres sur leurs terres. Il les expose, en outre, à la menace de la perpétuation de la domination et de la coercition auxquelles les soumettent leurs voisins bantous qui se proclament, à tort, les représentants des peuples autochtones et de leurs intérêts.

Les dispositions qui régissent les droits d'usage des forêts sont également discriminatoires vis-à-vis des autochtones et violent leurs droits à s'assurer des moyens de subsistance et à disposer librement de leurs richesses naturelles. Certaines dispositions restreignent leurs droits à l'usage « domestique » seulement, ce qui menace directement le bien-être physique et socio-économique de populations qui ont besoin de vendre ou d'échanger les ressources tirées de la forêt pour augmenter leurs revenus ou financer leurs soins médicaux. Les droits d'usage des zones officiellement répertoriées ou «protégées» sont extrêmement limités et ne reconnaissent ni ne respectent les droits des autochtones. Dans les zones protégées, tous moyens d'existence traditionnels (chasse et pêche notamment) et pratiques culturelles, sont prohibés.

Les droits des autochtones sont également violés par une législation qui les empêche d'avoir recours à la justice et à la protection de la loi. Par exemple, il n'y a pas de procédure d'appel quand leurs territoires traditionnels ont été cadastrés ou octroyés en concessions ni contre les plans de gestion des concessions qui violent leurs droits.

Le Code Forestier indique clairement la volonté de l'État de donner la priorité à l'usage commercial ou protectionniste des forêts sur les communautés qui y vivent. Il ne leur reconnaît pas la propriété de leurs terres, territoires et ressources, leurs droits à des titres collectifs et leur tenure foncière traditionnelle. Il ne répertorie pas les terres autochtones comme telles et ne respecte pas les droits d'accès et d'usage.

Malgré les assurances gouvernementales selon lesquelles il y aurait une participation active des communautés locales et des ONG aux réformes du secteur des forêts, il n'y eut, jusqu'à ce jour, aucune consultation publique et la connaissance que peut prendre le public de la législation du secteur est sévèrement limitée. Le Code ne contient aucune exigence sur la nécessité de la consultation et de la participation des autochtones à la prise de décision ni ne se réfère à l'obtention de leur consentement préalable, libre et informé, en ce qui concerne le zonage des forêts, les plans de gestion, l'officialisation et l'exploitation commerciale des concessions. De fait, aucune exigence de cette nature n'existe dans les lois en vigueur dans la RDC. Les règlements d'application du Code contiennent de nombreux exemples du manque de respect de l'État pour les droits des autochtones. L'élaboration et l'adoption de réglementations ultérieures ont été suspendues durant la période électorale. Au minimum, tout ce qui concerne la gestion des forêts, les territoires et les ressources des autochtones devrait, à l'avenir, inclure leur participation et s'assurer de leur consentement préalable, libre et informé.

Conclusion

Les populations autochtones de la RDC vivent une discrimination raciale et des violations de leurs droits, largement répandues, persistantes et systématiques. Leurs droits à posséder, contrôler, utiliser pacifiquement leurs terres, territoires et ressources ne sont jamais reconnus ni garantis par la loi congolaise; ils sont particulièrement violés par la législation, l'exploitation forestière et le mode de protection de la nature.

Leurs moyens de subsistance, leur intégrité physique, culturelle et économique ont été gravement atteints. Le gouvernement n'a jamais répondu aux efforts faits par les autochtones pour résoudre les problèmes posés. Un ensemble d'organisations autochtones et internationales pour la défense des droits de l'homme et de l'environnement a déposé une série de plaintes auprès du gouvernement congolais et de la Banque mondiale. Une demande d'enquête, suivie de près, a été formulée auprès de la Commission d'inspection de la Banque mondiale, des consultations et des ateliers de sensibilisation et d'information ont été effectués pour informer de la situation les communautés autochtones et demander leur avis. En dépit de toutes ces actions, le gouvernement congolais n'a pas envisagé de rencontrer les représentants autochtones ni n'a pris aucune disposition pour répondre à leurs inquiétudes.

Les organisations autochtones, les ONG nationales et internationales, doivent continuer à revendiquer un changement des lois et de leurs applications en RDC pour assurer la reconnaissance et la garantie des droits des populations autochtones. L'État congolais doit lutter contre les violations largement répandues, persistantes et systématiques des droits des autochtones, causées par la discrimination raciale, la législation forestière et l'exploitation des ressources. En l'absence d'une action urgente, les terres, territoires et ressources des autochtones seront irréversiblement dégradés, privant ces populations de leurs moyens de vie physiques, culturels, économiques et spirituels et menaçant leur existence même.

Cet article est un résumé d'un rapport soumis au Comité des Nations unies sur l'élimination de la discrimination raciale, par Le Programme des peuples de la forêt (Forest Peoples Programme) et six organisations autochtones associées. Ce rapport réclame qu'une procédure d'alerte rapide et urgente soit mise en route pour répondre aux dommages irréparables dont sont menacées les populations autochtones en RDC. Voir le rapport complet sur www.forestpeoples.org.

Route d'exploitation forestière dans le massif du Chaillu.
Photo. Judy Knight

Les peuples autochtones des forêts du Gabon affrontent un avenir incertain*

Par Judy Knight

« Pour moi, la culture est un pivot essentiel de notre être et de notre développement. Notre pays est riche de sa diversité et de ses talents, encore faut-il considérablement les mettre en valeur »
Président BONGO, élection présidentielle 2005 (Bongo, 2005)

Le Gabon couvre une superficie d'environ 26,7 millions d'hectares et conserve une des plus grandes forêts tropicales humides restantes en Afrique de l'ouest. Quoique son étendue ne soit pas connue exactement, les experts l'estiment entre 17 et 22 millions d'hectares c'est-à-dire à 85 % du total des terres (Christy *et al.* 2003). Les communautés autochtones de chasseurs-cueilleurs (connues sous le nom de Baka, Bakoya, Bagama, Babongo, Akoa, etc.) sont réparties dans tout le pays et comprennent de nombreux groupes ethniques séparés par leur localisation, leur langue et leur culture. Selon le recensement le plus récent (Massandé 2005), les populations pygmées sont au nombre de 20 005 sur une population nationale

* Article traduit de l'anglais par Dreyfus - Gamelon S., révisé par Chassin J.

d'environ 1 million 400 000 (les estimations antérieures donnaient de 7 à 10 000). En raison des programmes de « regroupement »[1], démarrés du temps de la colonisation, beaucoup de ces communautés se sont établies le long des routes, quoique leurs moyens d'existence et leurs cultures demeurent inextricablement liés aux zones forestières du pays. L'établissement le long des routes fait partie d'un mode d'habitat plus vaste qui traverse tout le paysage des forêts (Knight 2003). Le savoir spécialisé des habitants des forêts leur donne une position unique dans l'ensemble de la société gabonaise. Les tendances actuelles de l'extraction industrielle du bois et ses effets écologiques et sociaux prévisibles constituent une menace sévère pour ce savoir et ce mode de vie.

Tendances récentes de l'extraction du bois au Gabon

Avec la baisse de la production pétrolière et la série de problèmes économiques des années 1990, l'économie nationale est sous pression pour intensifier l'extraction commerciale du bois et des mines et développer le tourisme à partir des parcs nationaux nouvellement ouverts. Le gouvernement est actuellement occupé à mettre au point des procédures législatives compliquées pour soutenir ces activités qui doivent tailler dans de grandes parties du pays ; les zones visées comprennent les terres de l'État non encore attribuées en concessions, les zones protégées et les forêts réservées aux communautés rurales qui pourraient cependant en tirer revenu soit en extrayant le bois elles-mêmes, soit en les louant aux compagnies. De grandes infrastructures sont présentement en chantier. On citera en exemple, la récente décision gouvernementale de vendre les droits d'exploitation d'une mine de fer à une compagnie chinoise à Belinga et la construction

1. « Regroupement » signifie littéralement le rassemblement de communautés auparavant dispersées pour former des concentrations de populations plus importantes, placées stratégiquement près des routes, des postes administratifs ou des officines publiques. Le terme se réfère ici à une série de mesures officielles, initiées dès les années 1930 au Gabon, et poursuivies dans la période post-coloniale des années 1980 qui eurent pour résultat de forcer des communautés rurales à s'établir le long des routes. Ces résultats allèrent de pair avec le contrôle territorial et économique du pays et posèrent les bases du système de l'État moderne (Pourtier, 1989).

d'une nouvelle ligne de chemin de fer qui ouvrira le nord-est du pays à une exploitation ultérieure. Déjà en 2003-2004 la population locale avait souffert de l'énorme invasion de 15 compagnies d'exploitation de bois dans une zone qui n'avait auparavant aucune activité forestière. Des conflits surgirent dans les communautés et les familles, les chemins ruraux furent dévastés, la chasse et la trappe devinrent difficiles pour certains, s'accrurent pour d'autres (Lahm 2006, correspondance personnelle).

La FAO (Organisation des Nations Unies pour l'Agriculture et l'Alimentation) estime qu'au rythme actuel de déforestation, le Gabon aura perdu la moitié de ses forêts au cours des 100 prochaines années. Selon d'éminents spécialistes de l'écologie de la région, il s'agit plus d'une perte de la qualité des forêts qu'une perte des forêts elles-mêmes. Si la déforestation du pays n'est pas encore très étendue, elle pourrait constituer une menace pour le proche avenir (De Wachter 2006, communication personnelle).

Les concessions octroyées dans le pays ont plus que doublé ces dix dernières années et les cartes récentes montrent une expansion qui atteint les dernières forêts primaires, comme celle de la chaîne de Minkébe au nord-est. Alors que certaines zones de cette région sont maintenant protégées par un parc national, un autre secteur, significatif, est l'objet d'un permis d'exploitation industrielle de quinze ans ; on sait qu'il est l'habitat de populations Fang et Baka et qu'il comprend les terres ancestrales de Baka, vivant actuellement au Gabon et au Cameroun. Les villageois se plaignent du niveau des bruits et des atteintes à la vie sauvage (en particulier aux éléphants, Mve Mebia 2006, communication personnelle). Ces concessions ne sont pas délimitées ou attribuées après consultation avec les représentants locaux ni ne respectent les territoires traditionnels des populations locales.

Plus de la moitié de la surface totale des concessions pour l'exploitation du bois est attribuée à des compagnies étrangères (en majorité françaises) possédées, partiellement ou totalement, par des intérêts étrangers ; elles n'exploitent qu'une seule espèce : l'okoumé. Cette industrie du bois est la deuxième source de revenus d'État provenant des ressources naturelles – le Gabon produit plus de 2 millions de mètres cubes de bois par an – et est le plus gros employeur du pays. La dernière décennie a vu un important accroissement du marché chinois à l'exportation et l'arrivée des compagnies sino-malaysiennes, caractérisées par un abattage intense, plus généralisé, et n'appliquant que peu de normes pour la préservation de l'environnement. En 2005, durant la préparation du Programme pour l'Aménagement de l'Environnement Forestier, des discussions eurent lieu entre la Banque mondiale et le gouvernement sur la propriété des concessions forestières. Alors que des procédures de certification et des plans de gestion sont en discussion avec les principales compagnies étrangères, le coût de ces procédures a fait que beaucoup de concessionnaires privés ont préféré adopter un système de fermage (location de droits d'exploitation à d'autres concessionnaires) en payant souvent des intérêts à court terme, sans se préoccuper de la légalité (Cassatta 2006, communication personnelle). La transparence et le respect du droit sont toujours les plus grands problèmes posés par le secteur. Dans cette situation, l'avenir des autochtones chasseurs-cueilleurs est très incertain.

L'exploitation du bois menace les autochtones des forêts

Des tendances inquiétantes se manifestent. Dans toute l'Afrique centrale, des activités économiques et environnementales empiètent sur les terres des autochtones, leurs moyens d'existence et leurs savoirs traditionnels au nom du « développement ». Ces peuples sont souvent privés de leurs droits par des gouvernements qui ne traitent pas les chasseurs-cueilleurs comme des citoyens égaux aux autres et ne respectent pas leurs modes de vie traditionnels. En raison de l'expropriation ou de l'épuisement de leurs terres traditionnelles, de la perte de leur autonomie qui s'ensuit, les communautés sont de plus en plus forcées de s'assimiler en position de vulnérabilité dans la société globale. Au Gabon, les Akoa, de la province de l'Estuaire ont été si réduits en nombre et si dispersés par l'exploitation du bois et le développement du tourisme qu'ils sont virtuellement éteints comme groupe ethnique. Là où ils existent encore, beaucoup d'entre eux cachent leur véritable identité pour éviter les discriminations en ville.

Les peuples de la forêt sont prisonniers de ces activités, employés souvent comme guides ou travailleurs par les compagnies. De nombreux Babongo du massif du Chaillu disent que leurs mouvements migratoires résultent de leurs tentatives d'échapper aux pressions de relocalisation et de leur recherche d'emplois dans l'extraction du bois. Cependant, ils affirment que l'extraction intensive pratiquée dans la région par les compagnies sino-malaysiennes a des effets sur le paysage et ouvre une nouvelle ère dans l'exploitation du bois qui se fait de manière très agressive. Les camps et villages babongo situés naguère (il y a quatre ans) dans la forêt se trouvent maintenant au bord des routes. Un Babongo du massif du Chaillu déclarait en 2005 :

> *« Les Malais ne nous emploient pas... ils ont endommagé la région. Ils ne font pas attention, ils abattent même nos Mutombi (arbres sacrés), les animaux sont partis ; et s'il ne reviennent pas, qui entretiendra les routes pour nous ? »*

En 2002, des concessions pour l'extraction furent attribuées en contrepartie de l'établissement du parc national Waka, une zone choisie pour un développement possible de l'éco-tourisme avec la participation des populations locales. Avant le départ de la compagnie, en 2004, un abattage intensif d'arbres avait produit des dommages considérables à l'environnement. Après son départ, l'abattage local a augmenté pour maintenir un revenu monétaire.

Accès aux ressources de la forêt

Selon la loi gabonaise, l'accès aux forêts n'est pas interdit mais la terre est propriété de l'État. Une autorisation formelle pour établir des villages et des plantations dans le pays n'est pas nécessaire et les droits d'usage de la terre sont reconnus à la fois aux villages et à l'État. La législation reconnaît une *« zone d'exploitation forestière villageoise »* mais interdit l'extraction sur une bande de 5 km autour d'un village habité ou le long d'une route (*HEBDO* 1993 ; décret 1205/PR/mefpe du 30 août 1993). Cependant la zone exploitée pour la chasse et la cueillette s'étend toujours beaucoup plus loin que cela. Des camps et des villages « désertés » peuvent être occupés saisonnièrement et paraître inoccupés par moments. Comme les droits sur la terre sont établis par rapport à la permanence de l'occupation d'un lieu, le haut niveau de mobilité, caractéristique des modes de vie des peuples de la forêt et des communautés rurales gabonaises, rend toute revendication difficile à prendre en compte. Les populations locales peuvent chasser légalement sur les terres concédées à l'extraction du bois mais des difficultés surviennent quand les compétences et les connaissances des peuples de la forêt sont exploitées par des intermédiaires du trafic de viande de brousse, particulièrement ceux du braconnage à grande échelle des éléphants.

Initiatives environnementales

Le Gabon est signataire de nombreux documents internationaux traitant de la question des droits de l'homme et, avec tous les pays d'Afrique centrale, a ratifié en 1992 la Convention sur la biodiversité (connue comme Convention de Rio). Cette Convention affirmait une relation directe entre la diversité culturelle mondiale et la biodiversité et reconnaissait que pour conserver celle-ci, il était urgent de sauvegarder les styles de vie et les connaissances des peuples traditionnels sur leur environnement.

Sous la pression d'instances internationales protectionnistes, le gouvernement du Gabon a lancé, en 1993, le Projet Forêt Environnement (PFE) donnant lieu à une politique ambitieuse de gestion durable de la forêt dans les concessions, les plaçant au premier rang des initiatives centre-africaines. De nouvelles lois sur l'exploitation des forêts remplacèrent les anciennes, un nouveau code, élaboré en consultation avec le secteur forestier (compagnies d'extraction et agences de conservation), fut adopté en décembre 2001. Ce qui conduisit le gouvernement à adhérer à plusieurs résolutions et conventions internationales sur la gestion durable de la forêt et, en même temps, accéléra l'industrialisation de la production de bois pour accroître les bénéfices à long terme de l'économie nationale. Aucune mesure ne fut prise dans le nouveau Code Forestier ou dans le Plan National d'Action pour la Forêt pour assurer la représentation des peuples de la forêt dans les comités provinciaux ou locaux ou pour se prémunir contre les inévitables problèmes d'empiétements entre groupes voisins. Les droits des peuples autochtones furent également ignorés dans le Plan national d'action et de stratégie en faveur de la biodiversité de 1999 (qui a suivi la ratification par le Gabon de la Convention de Rio). En 2001, le Nouveau Partenariat pour le Développement en Afrique (NEPAD)[2] auquel le Gabon participe, a produit un plan pour les forêts qui incluait des aspects bénéfiques pour les autochtones. Par la suite, en décembre 2003, ceux-ci ont été éliminés de la liste des projets prioritaires sur l'environnement (Jackson 2004).

Organisations non gouvernementales (ONG) locales et organisations autochtones

Les ONG locales du secteur de l'environnement, telles qu'*Aventures sans frontières*, *Gabon environnement*, *Les Amis du Pangolin* et *Brain Forest* appuient des initiatives et des politiques écologistes de protection à travers des recherches, des travaux de terrain, l'éducation à la protection de l'environnement et des pressions. Elles dénoncent, dans leurs journaux et leurs sites internet, des pratiques illégales qui menacent l'environnement (Ono Essangui 2006, communication personnelle). Par exemple, on a dénoncé l'attitude du gouvernement qui a fermé les yeux, en raison des profits générés, sur l'emploi destructeur et illégal de la dynamite par une compagnie minière chinoise dans le Parc national de Loango ; ceci montre combien les écologistes sont financièrement impuissants pour rivaliser avec ces activités. Des ONG se sont créées, ces cinq dernières années, pour la promotion et la protection de la culture traditionnelle des Pygmées. La majorité de ces organisations n'ont pas de représentants autochtones[3].

---

2. NEPAD est un programme de l'Union africaine concernant le développement durable en Afrique. Ses objectifs sont exposés dans le document stratégique cadre pour l'Afrique de juillet 2001. La plus haute autorité pour la mise en œuvre de ces objectifs est le Sommet des chefs d'États et de gouvernements de l'Union Africaine. Au Gabon, il incombe au ministre du Commerce et du Développement industriel chargé du NEPAD de produire des déclarations politiques d'intention dans tous les domaines du développement économique. Avec l'aide financière de l'IUCN, le NEPAD a été impliqué dans l'organisation de réunions ministérielles concernant, par exemple, la révision du Code Forestier en 2001 et, en mars 2004, des représentants autochtones furent invités à participer au séminaire : implication de la société civile dans le NEPAD, tenu à Libreville.

3. Depuis la rédaction, en anglais, de cet article, plusieurs organisations pygmées d'Afrique centrale font maintenant partie de la nouvelle Coordination Autochtones Francophones (CAF) qui a tenu son premier congrès à Agadir, en novembre 2006. Les organisations pygmées, totalement autonomes, sont actives dans la défense de leurs droits au Gabon et dans toute l'Afrique centrale. La CAF, dont elles font partie, se réunira en congrès tous les deux ans.

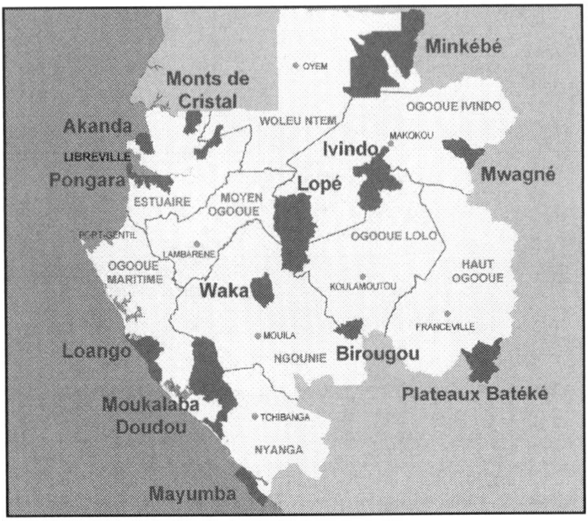

Carte : Parcs nationaux du Gabon.

Léonard Odambo, MINAPYGA, mars 2005. Photo Judy Knight.

Le mouvement pour le droit des autochtones est relativement récent au Gabon et a démarré avec le travail de Leonard Odambo, fondateur du MINAPYGA (Minorités des autochtones pygmées du Gabon, 1997). Odambo est un Bekoya alphabétisé, originaire de Mekambo au nord-est du Gabon. Journaliste controversé, il s'est donné pour but principal de porter le dialogue sur la place publique, de faire prendre conscience, aux niveaux national et international, de la situation désastreuse des peuples de la forêt gabonaise et particulièrement des conséquences de l'extraction industrielle du bois, des programmes de relocalisations et de la nécessité de combattre les discriminations et la pauvreté croissantes dont souffrent les régions rurales. Odambo a beaucoup publié et assisté à plusieurs forums et conférences, autochtones et écologistes, régionaux et internationaux. Récemment, des projets de promotion culturelle et éducative et de développement agricole, lancés par son organisation, ont été financés par l'UNESCO et des ambassades étrangères. Les structures paysannes et les capacités de direction du MINAPYGA se sont renforcées mais le mouvement n'a, jusqu'à présent, pas de partenariat permanent ni de soutien extérieur qui lui permettrait d'assurer ses frais de fonctionnement et d'être réellement une organisation représentant, au niveau national, les droits des peuples de la forêt.

Une autre organisation autochtone, Edzengui (du nom d'un esprit gardien baka) fut fondée en 2002, en étroite collaboration avec WWF (World Wild Foundation, Fonds Mondial pour la Nature) par Mme Hélène Nze Andou, une Baaka de Minvoul (région à la limite nord du parc national Minkébé). Le partenariat d'Edzengui avec WWF est au cœur de son travail actuel qui, par conséquent, a une forte composante protectionniste de la nature. Sa tâche principale est d'échafauder une stratégie de survie de la chasse traditionnelle à l'éléphant, considérée comme le noyau de l'activité culturelle, et de combattre l'implication des Baka des régions nord dans une chasse commerciale à grande échelle. Edzengui a reçu récemment un financement de CARPE[4], et de l'Union européenne à travers ses projets

4. CARPE est l'acronyme de Central African Regional Program for the Environment (Programme régional d'Afrique centrale pour l'environnement), une émanation de l'ONG États-unienne USAID. Le financement de CARPE fait partie de l'action internationale pour le Bassin du Congo du Fonds mondial pour la nature (WWF), dont le parc national Minkébé est une des composantes. Le projet Communauté, conservation et validation du parc national Minkébé par la communauté Baka a pris place d'août à octobre 2006.

pour la culture, la protection, l'éducation à l'environnement, l'agriculture et la santé.

L'Association pour le Développement de la Culture des Peuples Pygmées du Gabon (ADCPPG) fut fondée en 2003 par Denis Massandé, un Babongo-Mitsogho du Gabon central; elle est la plus récente des organisations autochtones. Son but est de défendre les droits des Pygmées dans les processus de développement du pays; elle pense que la situation précaire des Pygmées au Gabon doit être dénoncée auprès de la classe dirigeante. ADCPPG a été très active dans la campagne présidentielle de 2005 et, en décembre 2005, a été reçue en audience par le Président, après que la voie lui a été ouverte par une rencontre avec le Premier Ministre en juin 2004. Durant ces entretiens, on a prévu d'entreprendre une enquête sur toute la population pygmée actuelle du Gabon afin de faciliter les programmes de relocalisation et des microprojets. M. Massandé a recensé le chiffre de la population pygmée du Gabon et entrepris la cartographie des territoires traditionnels pour promouvoir les communautés babongo de forêt. Une autre audience avec le Président est en préparation avec la participation d'acteurs-clés, pour discuter des plans de gestion des parcs nationaux, de la pérennité des communautés de forêt et de la nouvelle loi sur les parcs nationaux en rapport avec la tenure foncière coutumière (Massandé, communication personnelle 2006).

Des liens se nouent entre les organisations autochtones gabonaises et les groupes de chasseurs-cueilleurs en Afrique centrale. Deux de leurs dirigeants occupent des fonctions au sein du Comité de Coordination des Peuples Autochtones d'Afrique (IPACC: Indigenous Peoples of Africa Co-ordinating Committee). Ils ont assisté aux réunions (y compris à celles qui se sont tenues au niveau des Nations Unies) sur la formation et le renforcement de la capacité à diriger et de la participation au processus politique. L'UNICEF finance actuellement un programme national sur le *Projet d'intégration en milieu pygmée* impliquant la participation des ONG locales et autochtones et des représentants gouvernementaux au niveau national et au niveau régional[5]. Toutes les organisations autochtones manquent, au Gabon, de financement de base et de soutiens, essentiels à leur développement.

---

5. Le but de ce projet est de munir toute la population pygmée de certificats de naissance, de vaccinations et de conseils d'hygiène d'ici à février 2007.

L'influence de la Banque mondiale sur la politique en matière de forêts

Selon Jackson (2004), là où des mesures pour la protection des droits des peuples autochtones et de leur savoir forestier existent en Afrique centrale, la façon dont elles ont été appliquées a, jusqu'à présent, eu peu d'efficacité. Mais cela peut changer car tous ces pays dépendent de l'aide financière internationale pour développer leurs programmes économiques. Des faits récents ont montré, dans la région, que la directive opérationnelle sur les peuples autochtones de la Banque mondiale (connue comme OD 4.20) peut influencer des politiques nationales de telle sorte que les intérêts des autochtones soient pris en compte et que ceux-ci aient leur part des attributions et des compensations qui accompagnent le développement.

Avec le soutien de la Banque mondiale, le Cameroun, le Gabon, la République du Congo, la République centrafricaine, la RDC et, peut-être, l'Angola ont récemment démarré un Programme pour l'Environnement du Secteur des Forêts (PSFE) constituant le cadre dans lequel se coordonnent législations, stratégies et planifications et qui porte une plus grande attention aux questions sociales. Le Programme lui-même ne mentionne pas les autochtones mais il a déclenché la politique de sauvegarde des autochtones de la Banque mondiale (OD 4,20). Cette nouvelle politique requiert la préparation d'un Plan qui doit assurer aux autochtones qu'ils bénéficieront des projets de développement ; on doit aussi éviter les conséquences négatives du développement, comme celles qui chassèrent les Twa de leur territoire par suite de l'établissement des Parcs nationaux de Bwindi et de Mgahinga en Ouganda en 1991[6]. Le financement international tel que le World Bank's Global Environment Facility (GEF) facilite les politiques de développement plutôt qu'il ne procure protection ou compensation aux autochtones (Jackson 2004, Nelson 2003).

---

6. Le Cameroun a accepté les Plans pour les peuples autochtones du Programme de Développement de l'Environnement Forestier (PSFE) et le Programme de Soutien au Développement de la Communauté Nationale (2003). Le Programme pour le Développement de l'Environnement Forestier (PFSE) est encore en projet en République du Congo, en RDC et en République centrafricaine.

En 2005, le Gabon, après le Cameroun, a établi son propre Plan pour les peuples autochtones. Ce Plan, partie du Programme pour le secteur de la forêt, cité plus haut, est un programme national destiné à rationaliser, à coordonner et à impliquer tous les intéressés et partenaires dans la gestion des ressources naturelles du pays ; il forme un document de base pour cadrer la future politique. Le contrat concernant le Plan pour les peuples autochtones est assorti d'un prêt de 15 millions de dollars US dont le Gabon risque de perdre une tranche si les réalisations de base ne sont pas effectuées (par exemple, le cadastrage des terres autochtones, le versement d'une compensation pour les pertes de terres, l'accès aux terres traditionnelles, la formation à la gestion et la participation de représentants autochtones dans le Programme de développement du secteur forestier).

Le Plan pour les peuples autochtones est un clair résumé de l'État actuel de la connaissance de la situation des peuples de la forêt au Gabon, qui montre que leurs principaux problèmes résident dans leur relation avec la société globale et avec les politiques de développement ; un plan stratégique a été négocié pour réaliser les objectifs du Programme en ce qui les concerne. Objectifs, plan stratégique, calendrier sont ambitieux et supposent que se réalise pour eux l'égalité des droits dans de nombreux domaines : légal, technique, financier, organisationnel et culturel.

La première réalisation du Plan est la reconnaissance officielle par le Gabon de l'existence de populations autochtones, de sa responsabilité envers elles dans toutes les questions relatives à la forêt ; la création de ce Plan pour les autochtones ouvre de nouveaux canaux de communication entre les principaux intéressés et les responsables. Ce document leur fournit des normes, des memoranda y compris à ceux qui n'avaient, auparavant, aucune politique officielle sur la question des autochtones. Le Plan a rencontré d'abord des oppositions mais a néanmoins rassemblé des organisations autochtones, des ONG, des fonctionnaires gouvernementaux, des organisations écologistes et a encouragé le dialogue entre eux tous. La communication entre le gouvernement (ministères de l'Environnement et du Plan) et les trois dirigeants autochtones s'est instaurée et perdure alors que les plans du Programme pour le Secteur de la Forêt progressent.

Un des plus gros défis qu'affronte le Plan gabonais pour les autochtones est la confrontation entre les lois qui régissent les parcs nationaux et les réglementations particulières de la gestion des parcs. Le Plan pour les autochtones établit que le gouvernement doit reconnaître et protéger les terres d'usage des autochtones, particulièrement à l'intérieur des parcs nationaux et des zones protégées dont l'accès et l'utilisation sont légaux pour leur « subsistance et comme source de revenu » (Schmidt-Soltau 2005). Cette déclaration contredit la nouvelle loi sur les Parcs nationaux qui attend sa ratification.

Un an plus tard, le Plan pour les peuples autochtones est reporté comme beaucoup d'autres parties du Programme du secteur de l'environnement de la forêt, en raison de discussions entre le gouvernement et la Banque mondiale. Ces discussions s'achèveraient si les prêts étaient finalement approuvés. Le récent sommet sino-africain à Pékin a confirmé la croissance des intérêts économiques et des investissement chinois en Afrique. Le Gabon est une des principales sources d'approvisionnement en bois de la Chine. Non seulement cela constitue une menace à long terme pour l'environnement, mais les conditions d'abattage des compagnies chinoises rendent difficile de maintenir la pression pour obtenir des mesures de sauvegarde environnementales et sociales, stipulées comme conditions aux prêts consentis par des partenaires de longue date comme la Banque mondiale.

Au Cameroun, bien que les risques encourus et les mesures à prendre pour sauvegarder les intérêts des autochtones, aient été bien définis, peu de progrès ont été réalisés douze ans après la légalisation des communautés de forêts et trois ans après l'établissement du Plan pour les autochtones. On continue à ignorer les intérêts des communautés pygmées et un contrôle de plus en plus serré de la gestion de la forêt a précipité une exploitation illégale et à grande échelle du bois qui atteint les terres et les ressources traditionnelles.

Perspectives d'avenir

> *« Je me fais du souci ; dans cent ans, un Koya sera-t-il un Koya quand la forêt aura disparu ? »* (Odambo 2006, communication personnelle.)

Si les développements économiques actuels sont à l'unisson avec les objectifs nationaux de promotion et de valorisation de la diversité culturelle, leurs modèles doivent être élargis pour permettre aux chasseurs-cueilleurs de profiter des possibilités qu'ils offrent et d'en bénéficier sans perdre leurs savoirs, leur culture et leur identité, inextricablement liés à la tenure traditionnelle des terres de forêts. Beaucoup dépend du calendrier établi et des progrès qu'accomplira le gouvernement actuel. A présent, le Gabon est complètement engagé dans l'exploitation commerciale de ses ressources forestières. Des efforts actuels pour aider les chasseurs-cueilleurs, comme le programme d'intégration de l'UNICEF, soutiennent cette perspective mais se concentrent davantage sur le développement civique, la relocalisation et l'intégration que sur des mesures concrètes – au-delà des discours – pour sauvegarder la tenure traditionnelle, les savoirs et les moyens d'existence. Les politiques de gestion que suivront les parcs nationaux étant encore à l'État de projet, on ne voit pas clairement si elles reconnaîtront réellement les droits fonciers et d'usage des peuples autochtones.

Références

Bongo-Ondimba O., 2005, *Mon projet, des actes pour le Gabon*, Multipress Gabon Libreville.

Christy P., Jaffre R., Ntougou N., Wilks C., 2003, *La Forêt et la filière bois au Gabon*, Ministère des Affaires Étrangères et Ministère des Eaux et Forêts, Gabon.

Jackson D., 2004, *Implementation of International Commitments on Traditional Forest- Related Knowledge.*

Jackson D., 2003, « *Indigenous Advocacy in Central Africa* », in *Indigenous Affairs,* n° 4/03, IWGIA, Copenhagen.

Massandé D., 2005, *Organisation territoriale du Gabon*, Rapport ADCPPG, 30 juin 2005.

Pontier, 1989, *Le Gabon,* tome I: *Espace-Histoire-Société*, L'Harmattan, Paris.

De larges surfaces de la forêt Mau ont été complètement déforestées.
Photo : Marianne Wiben Jensen.

La forêt des Mau : on tue la poule, mais on veut garder les œufs d'or*

Par Kanyinke Sena

La forêt « Mau » mesure approximativement 400 000 hectares. C'est la plus grande zone forestière du Kenya. Située dans la partie centrale de la province de la vallée du Rift, Mau est l'endroit principal pour le captage de l'eau et la source de quatorze des quinze plus grandes rivières se trouvant à l'ouest de cette vallée qui traverse presque toute l'Afrique. La forêt alimente cinq grands lacs, trois d'entre eux étant transfrontaliers. Parmi eux se trouve le lac Victoria partagé entre le Kenya, la Tanzanie et l'Ouganda. Nommé en référence à la reine d'Angleterre, le lac Victoria est le plus grand lac tropical du monde et le second lac d'eau douce. La forêt Mau ce sont aussi huit zones protégées incluant le Parc National du Lac Nakuru, déclaré « Site Ramsar »[1].

---

* Article traduit de l'anglais par Lambert P., révisé par Dreyfus - Gamelon S.,et par Chassin J.

1. Un site Ramsar est une terre humide d'importance internationale parce que l'eau qui s'y trouve est le premier facteur de contrôle de l'environnement et de la vie végétale et animale. La Convention Ramsar de 1971 stipule que les parties contractantes ont l'obligation de protéger les sites Ramsar. Le Kenya est devenu partie contractante de la Convention le 5 mai 1990. Jusqu'à présent, 153 pays ont ratifié la Convention et 1 629 sites ont été identifiés comme sites Ramsar.

Parmi ces zones protégées, se trouvent les réserves de gibier réputées de Massaï Mara et du Serengeti. La forêt Mau se situe dans le nord de la Tanzanie et fait partie du patrimoine mondial. Au Kenya, plus de 5 millions d'habitants et des millions d'animaux sauvages et domestiques dépendent de l'eau de cette forêt. C'est une terre gérée collectivement par cinq autorités locales pour le compte des communautés qui vivent à proximité. Ces cinq autorités sont les conseils des comtés de Nakuru, Koibatek, Kericho, Bomet et Narok. Néanmoins la forêt a été l'habitat des Ogiek depuis des temps immémoriaux et le terme «Mau» est emprunté au mot Ogiek «Moou» qui signifie «l'endroit le plus calme des endroits calmes».

L'abattage et l'exploitation industrielle du bois : la plus grande menace

L'exploitation du bois de Mau doit être envisagée dans le contexte des atteintes aux forêts par lesquelles le gouvernement du Kenya en dilapide périodiquement de larges portions, soi-disant pour des Kenyans «sans terres», mais en fait au bénéfice de personnes puissantes et bien placées.

Au titre de la loi sur les forêts du Kenya, appliquée depuis la colonisation jusqu'à la promulgation d'une nouvelle loi, à la mi-2005, l'ensemble des forêts appartiennent à l'État et sont gérées par le *Forest Department*. Au dire de tout le monde, celui-ci les a gérées en dépit du bon sens. De larges surfaces de forêts ont été abattues. Durant la période coloniale, et deux décennies après l'indépendance, de vastes portions de la forêt Mau ont été détruites afin d'établir des plantations de thé, particulièrement dans les comtés de Kericho et Bomet. Les plus vastes surfaces de plantations de thé au Kenya sont ainsi enclavées dans la forêt de Mau.

De 1973 à 2003, 36780 hectares ont été détruits dans la partie orientale de la forêt, et récemment, en 2001 par exemple, le gouvernement a permis l'exploitation du bois et l'installation de communautés d'agriculteurs sur plus de 67000 hectares de forêts. Des coupes ont également été autorisées ailleurs, incluant la région Transmara, où 937700 hectares ont été attribués à l'exploitation du bois et à la création de plantations de thé, selon le *Journal officiel* du 3 mars 1989. Cette autorisation n'était d'ailleurs pas accompagnée d'une notification légale – en principe obligatoire. De 1996 à 2003, plus de 30 % de la forêt Mau des Maasai, qui couvre environ 46 278 hectares, a été livrés à l'exploitation du bois et à l'agriculture.

Les coupes se poursuivent jusqu'à aujourd'hui pour des raisons politiques. Dans la perspective des prochaines élections, prévues en décembre 2007, le Ministère des Terres envisage de rendre disponibles environ 7 000 hectares de la forêt Mau des Maasai pour l'implantation de potentiels électeurs « sans terres ». Cette action gouvernementale est illégale, elle va a l'encontre de la bonne santé environnementale du pays et de son économie, et il en résultera des conflits judiciaires et d'intérêts entre le ministère des Terres et celui de l'Environnement, ainsi qu'entre le gouvernement central et les autorités locales.

L'interdiction de l'exploitation du bois n'est pas respectée

En 2000, le Kenya possédait environ 1,7 million d'hectares de forêts autochtones. Cela constituait à peu près 30 % de son territoire selon la FAO[2] qui estime que le pays aurait perdu 93 000 hectares de forêts durant les années 1990. Cette perte a été rapprochée de la sévère pénurie en eau et de la famine qu'a connues le pays.

Il y cinq ans, environ, le gouvernement a imposé une interdiction de l'exploitation forestière afin de limiter la déforestation et de conserver les plus grandes zones de captage d'eau.

En dépit de cette interdiction, il faut s'inquiéter du taux élevé de déforestation résultant des activités d'exploitation forestière. Les camphriers et les cèdres qui produisent des produits appréciés sont des cibles privilégiées des exploitants forestiers. D'autres essences sont aussi utilisées pour la fabrication d'objets artisanaux destinés aux touristes.

La forêt Mau est la forêt la plus lourdement touchée par l'exploitation du bois au Kenya. Lorsque le gouvernement imposa son interdiction dans le pays, il en exempta trois compagnies multinationales : Pan African Paper Mills, Raiply Timber et Timsales

2. Département des forêts de la FAO, page sur le Kenya : http://www.fao.org/forestry/foris/webview/forestry2/index.jsp?siteld=5081 & sitetreeld = 18 308 & langld = 1 & geold = 73

Ltd, les plus grandes compagnies d'exploitation dans la forêt Mau. Selon le gouvernement, ces trois firmes ont été exemptées parce que Raiply et Timsales emploient plus de 30 000 Kenyans, que «le gouvernement est actionnaire (de la Pan African Paper Mills) et du fait de leur importance pour l'économie» nous explique Kimayo Towett un dirigeant militant Ogiek. Alors que l'interdiction subsiste, les trois compagnies continuent chaque mois d'abattre, pour les marchés nationaux et ceux du Moyen-Orien, des centaines d'arbres dans la partie orientale de Mau. Par exemple, le 20 août 2006, Mme Laetitia Zabeke, consultante auprès du PNUD (Programme des Nations Unies pour l'Environnement), a visité la zone orientale, Mariashoni.

«*Durant l'heure que j'ai passée un dimanche matin, j'ai compté sept camions de 10 tonnes transportant du bois à destination des usines des trois compagnies dans la ville d'Elburgon*» explique-t-elle sous le choc. Elle ajoute «*Le marais qui est la source de la rivière de Mara s'assèche!*». La rivière Mara arrose à la fois les deux réserves de chasse de Maasai Mara et du Serengeti et alimente le lac Victoria.

La partie est de Mau est aussi une zone de captage d'eau du lac Nakuru, qui est l'un des parcs naturels les plus visités du Kenya où l'on peut voir la plus grande concentration de flamants roses du monde. Dans une conférence de presse du 17 août 2006, le directeur du Kenya Wildlife Service et un haut fonctionnaire du ministère de l'Environnement ont exprimé leurs préoccupations à ce propos, nous expliquant qu'à ce rythme de déforestation de Mau, le lac Nakuru n'existerait plus dans vingt ans. Ironiquement, un grand quotidien fit paraître le lendemain à la Une, une information selon laquelle des fonctionnaires gouvernementaux de haut niveau du district de Nakuru réclamaient le paiement de royalties d'un montant de 450 000 US dollars par les exploitants forestiers au titre de leur exploitation du bois dans la partie orientale de Mau. Ces fonctionnaires ont particulièrement accusé un politicien local de devoir 115 000 US dollars en arriérés de paiement de royalties! Le Lac Nakuru et la partie orientale de la forêt Mau sont situés dans le district de Nakuru. En autorisant l'exploitation forestière qui détruit l'une des destinations touristiques les plus visitées du Kenya, le gouvernement coupe délibérément la main qui le nourrit.

Les activités d'exploitation sont également endémiques dans d'autres parties de la forêt en particulier dans le district de Kéricho où elles approvisionnent l'industrie du thé. Celle-ci nécessite en effet quotidiennement une énorme quantité de bois pour le séchage des feuilles. Dans Masaï Mau, l'exploitation forestière est réalisée principalement par des petits exploitants pauvres à la recherche de quelques revenus pour se nourrir. Ces petits exploitants, qui sont nombreux, s'ajoutent ainsi aux gros exploitants.

En 2005, dans un reportage sur la situation dans Maasai Mau, préparé conjointement par le PNUD, le Kenya Wildlife Service, le Kenya Forestry Working Group et Ewaso Nyiro South Development Authority. M. Koriata, le Principal Administrative Officer du comté de Narok, a déclaré: «*l'abattage est si intense dans la partie occidentale de la forêt, qu'il est impossible de compter le nombre des arbres rasés. Dans la zone orientale, on a recensé quelques 2 343 arbres abattus, sans compter les 573 hectares sur lesquels la déforestation était telle que l'on ne peut même plus compter les arbres individuellement*».

Les autorités gouvernementales du district de Narok où se trouve la forêt sont profondément impliquées dans les déforestations.

On affirme que les principaux coupables sont des fonctionnaires du département de la forêt et du conseil municipal. Mais lorsqu'ils agissent et arrêtent quelques coupeurs en confisquant leur bois, le tribunal ne donne que des amendes dérisoires qui ne seront même pas acquittées. Le bois confisqué est souvent dirigé vers le marché noir par les autorités mêmes qui l'ont saisi.

Les Ogiek

Les Ogiek sont une communauté de chasseurs-cueilleurs. Ils vivent dans la forêt de Mau depuis la nuit des temps et il n'existe aucune raison historique ou anthropologique de rejeter leurs revendications territoriales. Leur alimentation est constituée de miel, de fruits sauvages, de racines et des produits de la chasse. Selon M. Peter Cheruyot, membre du United Nations Indigenous Fellowship Program, «*les Ogiek sont la forêt et la forêt, c'est eux*».

Leur exploitation traditionnelle de miel, exige la protection plutôt que la destruction des forêts. «*Chaque ruche requiert un arbre pour la suspendre. Alors si nous voulons 1 million de ruches, cela signifie 1 million d'arbres*» ajoute M. Kobei, directeur-administrateur du

Programme de Développement des Ogiek. Mais comme d'autres communautés de la forêt kenyane, les Ogiek ne sont pas reconnus comme distincts et indépendants. Leur non-reconnaissance a débuté dans les années 1930 lorsque le gouvernement colonial constitua une commission, dirigée par M. Carter, pour considérer les questions foncières au Kenya. Celle-ci en déduisit que «les gens de la forêt étaient des sauvages et des barbares qui devaient êtres assimilés dans les communautés voisines».

Le gouvernement post-colonial a persévéré dans cette politique de non-reconnaissance et d'assimilation au nom de l'unité nationale. Il s'en est suivi une marginalisation politique, sociale et économique puis une domination des chasseurs-cueilleurs par les agriculteurs et, dans une certaine mesure, par les communautés pastorales. Cela en dépit des dispositions de différents textes légaux, incluant la Charte Africaine sur les Droits de l'Homme et des Peuples, que le Kenya a ratifiés. L'article 19 de la Charte stipule que «rien ne justifiera la domination d'un peuple par un autre».

Les Ogiek ont logiquement tenté de protéger la forêt Mau par tous les moyens légaux. Dans la partie orientale de la forêt il y a toujours eu conflit entre le gouvernement et les compagnies forestières d'une part et les Ogiek et les organisations qui les soutiennent d'autre part. Le gouvernement Kenyan chasse fréquemment les Ogiek de leur forêt soutenant que son environnement est protégé par le Forest Act (Loi sur la Forêt). Mais, en même temps, il concède aux compagnies des droits d'exploitation dans la forêt. Depuis des années, les représentants Ogiek demandent au gouvernement de les protéger.

En 1997, devant l'insuccès de leurs requêtes, ils engagèrent une procédure pour empêcher les autorités kenyanes de distribuer leurs terres à d'autres. Le procès engagé par les Ogiek remonta jusqu'à la Haute Cour, qui rejeta l'affaire en mars 2000. Plusieurs autres affaires Ogiek dirigées

Ogiek travaillant sur de nouvelles plantations d'arbres. Photo Marianne Wiben Jensen.

contre le gouvernement ont été également rejetées par les tribunaux. Lorsque quelques jugements ont été prononcés en faveur des Ogiek, le gouvernement a simplement ignoré leurs décisions. Au mépris de ses propres tribunaux, le gouvernement kenyan a démontré qu'il ne respectait pas la loi.

Loi sur la forêt de 2005

Avant la promulgation de la nouvelle loi forestière en 2005, une loi avait été mise en place durant l'époque coloniale. Elle défendait une politique d'exclusivisme par laquelle les forêts étaient protégées et reconnues par l'État qui s'aidait de policiers et de gardes armés pour éloigner les communautés des forêts. La loi interdisait d'entrer dans les zones forestières et d'en utiliser les produits. La chasse était aussi totalement interdite selon les dispositions prises par la *Wildlife Act*. Cette loi criminalisait ainsi la vie traditionnelle des chasseurs-cueilleurs.

Les régimes successifs après l'indépendance n'ont guère amélioré la situation, quoique le Kenya ait ratifié plusieurs conventions internationales incluant la *Convention pour la Diversité Biologique* (CDB). La nouvelle *Kenya Forest Act* a été promulguée afin d'améliorer la situation forestière au Kenya et mettre en œuvre les engagements internationaux, principalement la *Convention pour la Diversité Biologique* dont le pays était partie prenante.

Bien que la nouvelle Loi sur la Forêt ait des défauts, elle marque un progrès majeur par rapport à l'ancienne. Elle permet aux communautés et aux chasseurs-cueilleurs de pratiquer leur mode de vie traditionnel à l'intérieur de la forêt. Elle leur permet aussi d'utiliser ses produits pour leur consommation. Malgré ces progrès, cette loi comporte plusieurs défauts. Comme auparavant, le gouvernement conserve le dernier mot sur la propriété des forêts et leur utilisation. La nouvelle version de la *Forest Ac*t évite aussi de reconnaître les communautés de chasseurs-cueilleurs comme des autochtones et préfère opter pour le terme de «communautés de la forêt». Mais pour qu'une communauté soit reconnue en tant que telle, ayant des droits sur la gestion de la forêt, elle doit avoir été enregistrée comme association forestière auprès du *Kenya Forestry Board*. Elle doit aussi y présenter un projet de gestion de la forêt que l'Office sera seul habilité à accepter ou non. Le degré d'alphabétisation – particulièrement dans le domaine légal et administratif – des communautés de la forêt étant très bas, celles-ci n'ont pas conscience qu'elles doivent se faire inscrire dans des associations et intervenir avec des projets leur octroyant des droits d'agir dans leur forêt ancestrale. Elles pourraient donc bientôt voir leurs forêts gérées par des militants d'autres communautés, eux informés, qui se seront présentés en tant qu'associations de la forêt. En outre, pourquoi les communautés de forêts devraient-elles entrer dans des accords sur la gestion des forêts où elles ont vécu et qu'elles ont géré pendant des siècles? Les membres de l'Office sont-ils plus compétents sur la gestion des forêts que ceux qui y ont vécu depuis des années? Ces communautés ne seront pas pleinement représentées au *Kenya Forestry Board* – organe dont les membres sont nommés par la présidence. Les pratiques du gouvernement précédent donnent des raisons de penser que ces membres seront des affidés politiques du président.

La loi sur les forêts interdit aussi la vente, par les communautés, des produits forestiers. Le miel, produit naturel de la forêt, est très important dans leur mode de vie traditionnel. Va-t-on arrêter les communautés parce qu'elles vendent du miel? Cela n'a aucun sens puisque l'utilisation et la vente de miel et de fruits sauvages ont un véritable pouvoir de protection des forêts.

La Loi sur les Forêts désigne les grandes compagnies comme des propriétaires potentiels. Mais, comme tout propriétaire potentiel, celles-ci doivent s'enregistrer comme associations forestières et intégrer les accords de gestion de l'Office des forêts. Les compagnies d'exploitation du bois seront manifestement les plus intéressées pour d'évidentes raisons. Couper et replanter des arbres sera sûrement un des objectifs dominants des accords de gestion passés par les compagnies. Cela constituera une énorme menace envers la biodiversité de la forêt autochtone car les compagnies d'exploitation ne replanteront, sur les zones défrichées, que des arbres exotiques à croissance rapide à la place des arbres originaux à croissance lente.

Renforcement du pouvoir des communautés des forêts

Malgré ses défauts, la loi est encore le meilleur moyen pour les communautés de forêts de regagner le contrôle sur celles-ci. Mais pour ce faire, tout dépendra de la rapidité avec laquelle elles seront sensibilisées et aidées afin d'être déclarées comme Communautés de forêts. Elles pourront ensuite négocier la reconnaissance de leurs droits à des moyens d'existence, impliquant le commerce du miel et d'autres produits non ligneux de la forêt. Le commerce de ces produits constitue une activité économique viable. Elles peuvent aussi négocier la prolongation de leurs droits de chasse dans leurs forêts, qui sont la poule aux œufs d'or du tourisme. Il est clair également qu'elles devraient avoir leur part des profits de cette activité croissante.

Les chasseurs-cueilleurs ont le droit de conserver leurs activités culturelles. Celles-ci contribuent à la préservation des forêts. Ils n'ont aucune raison de les détruire. L'exploitation industrielle du bois et la déforestation sont généralement causés par les intérêts financiers et marchands et les communautés agricoles. La nature montre, par la désertification croissante, que ces activités ne peuvent êtres durables. Il y a pénurie d'eau et changement climatique. La bataille contre la déforestation et l'exploitation du bois doit, par conséquent, commencer par la reconnaissance des communautés de forêt comme des populations distinctes et séparées dont les cultures durables doivent pouvoir continuer à exister. Les cultures amies de la forêt sont essentielles si nous avons pour but de garder la poule aux œufs d'or – nos forêts !

Manifestation contre Greenpeace.
Photo : Kaisa Raitio.

Les conflits forestiers dans le Saapmi finlandais et leurs dimensions locales, nationales et internationales*

Par Rebecca Lawrence et Kaisa Raitio

Le statut officiel des Saami en tant que peuple autochtone de Finlande a été reconnu par la législation finlandaise dès le début des années 1990. Le droit pour les Saami de pratiquer leur culture est inscrit dans la constitution finlandaise (1999), et dans ce contexte, on entend par «culture Saami» les us et coutumes Saami comme l'élevage de rennes, la chasse et la pêche. En plus de la constitution le Reindeer Husbandry Act (1990/848) et le Act on Metsähallitus (Service des Parcs et Forêts Finlandais, 1378/2004) donnent aux éleveurs de rennes et particulièrement aux éleveurs Saami une protection relativement forte. La Finlande a aussi ratifié l'article 27 du Pacte International relatif aux Droits Civils et Politiques, qui garantit la reconnaissance culturelle des minorités ethniques. L'application de ce pacte en Finlande, implique que l'État finlandais protège et reconnaisse le droit des Saami à l'utilisation traditionnelle de la terre, sous la forme notamment de l'élevage du renne. Concrètement, les législations, nationales et internationales, requièrent que les éleveurs aient un libre accès aux pâturages, quels que soient les propriétaires de ces terrains. D'autre part, sur les terres qu'il possède, l'État ne devrait pas pratiquer d'activités susceptibles de gêner l'élevage des rennes.

---

* Article traduit de l'anglais par Smékens C., et B Saladin d'Anglure, révisé par J. Chassin.

Le gouvernement finlandais a été critiqué par les organisations Saami, pour ne pas avoir assuré dans la pratique la protection de l'élevage de rennes, et aussi par le Comité pour l'élimination de la discrimination raciale des Nations unies, pour ne pas avoir adopté une législation plus rigoureuse sur le droit coutumier à la terre des Saami. Par trois fois (1952, 1973, 1990), le gouvernement finlandais a échoué dans sa tentative de faire adopter une loi sur les problèmes de propriété foncière des Saami. L'industrie forestière s'est opposée en effet par de très fortes pressions à toute législation qui aurait pu accorder aux Saami un droit sur la terre (Tuulentie 2003). Dans ce climat de polémiques permanentes et agitées, comment les droits des Saami pourraient-ils contrebalancer les intérêts des entreprises assurant la gestion des ressources à l'intérieur des territoires traditionnels Saami, alors que 90% de ceux-ci sont actuellement considérés par l'État finlandais comme territoire de la Couronne? Un des débats les plus controversés de ces dernières années concerne les intérêts contradictoires des éleveurs de rennes et de l'industrie forestière. Cet article vise à décrire brièvement les enjeux locaux, nationaux et internationaux des conflits résultant de l'exploitation forestière dans la municipalité d'Inari, en Laponie du nord. Les revendications formulées par les éleveurs de rennes Saami et par les ONG écologistes, à propos de l'exploitation par l'État de ressources forestières dans les pâturages d'hiver des rennes, ont suscité une attention internationale considérable.

Histoire des campagnes et conflits forestiers dans le Saapmi

Les conflits entre les éleveurs de rennes et l'exploitation forestière par l'État ne sont ni particuliers à Inari ni un phénomène nouveau en Finlande ou dans les pays nordiques. Le plus vieux de ces conflits date des premiers jours de l'exploitation forestière commerciale dans la partie finlandaise du Saapmi (voir la carte du territoire des Saami) dans les années cinquante (Magga 2003). Des conflits entre exploitants forestiers et éleveurs en Finlande ont également existé dans d'autres régions de Laponie où vivent des éleveurs de rennes saami ou non saami. Les conflits sont provoqués par l'impact négatif de l'exploitation forestière sur la quantité et la disponibilité de la nourriture des rennes – lichen au sol ou suspendu aux arbres – pendant l'hiver, période la plus critique de l'année. Les arbres abattus, les sols labourés, la construction de routes et autres activités relatives à l'exploitation forestière diminuent, détériorent et réduisent les lichens au sol, augmentent le travail des éleveurs et diminuent les possibilités que les rennes paissent librement. En dépit du pourcentage relativement élevé des forêts protégées à Inari (environ 40 %), les vieux pâturages d'hiver, dans de nombreux endroits, ne sont pas inclus dans les secteurs protégés et par conséquent deviennent de plus en plus rares. Puisque les vieilles forêts sont particulièrement rentables tant pour le pâturage des rennes que pour l'exploitation forestière, les intérêts de l'industrie forestière et de l'élevage de rennes entrent souvent en conflit dans ces secteurs.

Les effets négatifs de l'exploitation forestière sur l'élevage de rennes ne sont plus l'objet de débat. Les parties sont néanmoins en désaccord, cependant, quant à la durée et l'ampleur des dommages. Le principal argument des éleveurs est le suivant: même si les forêts exploitées commercialement peuvent encore être utilisées pour l'élevage de rennes, ces forêts ne retrouveront jamais la valeur et l'importance comme pâturage hivernal pour les rennes qu'elles avaient avant leur exploitation commerciale. Les professionnels de l'exploitation forestière maintiennent de leur côté que les dommages sont temporaires et peuvent être contrôlés grâce à une bonne gestion de la forêt. Ils considèrent que la coexistence est possible et même souhaitable tant pour l'exploitation que pour l'élevage. Cet argument est basé sur la notion commune en Finlande que de multiples utilisations du sol peuvent et doivent co-exister dans une même forêt. L'idée que la Laponie nordique est une vaste étendue sauvage dans laquelle les intérêts de chacun peuvent être compatibles, est considérée comme un principe fondamental à la fois par l'industrie forestière et par la grande société finlandaise (Fondation Forestière Finnoise 2005). Par conséquent, il est difficile pour l'industrie forestière d'accepter que n'importe quelle zone d'importance soit réservée, de façon définitive, à l'élevage de rennes.

Dans les années 1990, s'est développé à Inari, un mécontentement considérable au sein des Coopératives d'Élevage de Rennes (CER) au sujet de l'exploitation par le Metsähallitus (Service finlandais des Parcs et Forêts) des pâturages des rennes. Il y avait pourtant un début de coordination entre les CER mais elles n'ont pas eu de stratégies concertées vis-à-vis des media. Les recours en justice des éleveurs contre l'État finlandais n'ont pu arrêter l'exploitation commerciale de

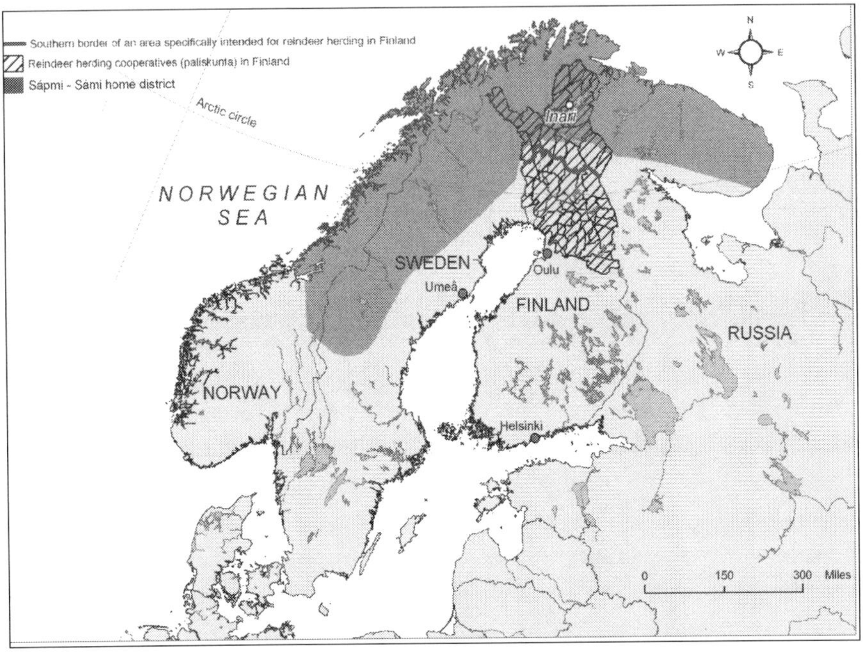

Un militant de Greenpeace et un éleveur saami fixent un panneau indiquant la limite des zones de pâturage des rennes. Photo Greenpeace.

certains territoires controversés. Dans les années 2000, une collaboration plus étroite entre les diverses CER[1], entre les mouvements environnementaux[2] et les CER et entre les organisations politiques saami et les CER a apporté aux éleveurs un nouveau poids politique et a entraîné la remise en cause des opérations d'exploitation forestière étatique et les politiques finlandaises[3] concernant les droits des Saami. Alors qu'auparavant chaque CER négociait séparément avec Metsähallitus, les éleveurs de rennes commencèrent en 2002 à coordonner leurs activités et leurs demandes en constituant une alliance. Avec les ressources et l'assistance technique des ONG environnementalistes, les CER ont pu identifier leurs pâturages d'hiver les plus importants sur des assemblages de cartes. En communiquant leurs revendications aux politiciens, au marché du bois et à un public plus large, ils ont prouvé que cela était vital pour elles. Malgré un long processus permettant le développement d'une confiance interpersonnelle au niveau de la communauté d'Inari, les éleveurs et les associations environnementalistes (en particulier Greenpeace Nordique et l'Association Finlandaise pour la Conservation de la Nature) ont pu convenir d'une stratégie commune de campagne. L'expérience de cette campagne, les contacts internationaux et les ressources considérables que les ONG environnementalistes ont mises à la disposition des éleveurs leur ont fourni des moyens sans précédent pour se mobiliser et transformer en un enjeu politique ce que l'État finlandais avait appelé « des désaccords isolés ».

Le Conseil Saami de son côté s'est investi d'une autre façon pour défendre son point de vue en s'appuyant sur le fait qu'il était de la responsabilité de l'industrie forestière de s'assurer que toute la production de bois soit effectuée dans le respect des droits des peuples autochtones. Le Conseil s'est intéressé aux indices éthiques comme l'indice de durabilité du Dow Jones. et le FTSE4Good de l'entreprise Stora Enso géant de l'industrie papetière – client de Metsähallitus et principal acheteur de bois pour la région d'Inari.

1. Voir www.inarinpaliskunnat.org pour plus d'information à propos de l'alliance des Coopératives d'éleveurs de rennes.
2. Voir http://weblog.greenpeace.org/forestrescue/pour plus d'information sur la campagne de Greenpeace sur les forêts à rennes.
3. Voir la page web du Conseil Saami pour plus d'information sur leur engagement. www. Sámicouncil. net

Cela commença, fin 2005, par une campagne de lettres envoyées à Stora Enso et aux différentes agences en charge de l'évaluation de ces indices. Puis rapidement d'intenses discussions furent engagées entre le Conseil Saami et Stora Enso, à travers les agences. Ces discussions concernaient l'engagement pris par Stora Enso de respecter les droits des peuples autochtones autant en ce qui concerne leurs propres politiques d'entreprise que dans les indices éthiques respectifs. Le Conseil Saami critiqua ce qu'il considérait comme une infraction à ces engagements, étant donné le fait que Stora Enso obtenait du bois de Metsähallitus provenant de territoires d'élevage de rennes. Comme dans toute campagne réussie à partir des communautés de base, le Conseil Saami était resté en contact permanent avec les éleveurs de rennes locaux et avait bénéficié de l'expérience des campagnes de Greenpeace ainsi que des contacts qu'ils avaient établis avec l'industrie de la pulpe et du papier.

Les approches de l'État finlandais : Planification et consultations participatives

Depuis les années 1970, le Metsähallitus a fait de nombreuses tentatives pour réconcilier les intérêts de l'exploitation forestière et ceux de l'élevage de rennes grâce à des consultations en tête à tête avec les éleveurs. Depuis le milieu des années 1990, il a également introduit des processus prévoyant la participation des nombreux actionnaires locaux. En 2000, le Metsähallitus a adopté un nouveau Plan concernant les Ressources Naturelles pour les terres d'État en Laponie du nord, où des décisions stratégiques majeures sur la portée et l'intensité des différentes utilisations de la terre ont été prises. Le procédé de planification incluait une participation publique étendue aux actionnaires locaux tels que la municipalité d'Inari, le Parlement Saami, les CER concernées, les associations locales de conservation de la nature, de la chasse, du tourisme, d'autres résidants locaux et les responsables de l'exploitation forestière. En réponse à la critique de certaines CER concernant les pratiques en matière d'exploitation forestière et en raison de l'attention internationale croissante des médias, le Metsähallitus a défini comme but principal du Plan concernant les Ressources Naturelles, l'obligation de réconcilier et d'évaluer les différentes activités, en particulier l'exploitation forestière, afin que les conditions nécessaires à l'élevage de rennes et à la culture saami soient respectées (Piiparinen & Kotisaari 2006[4], Raitio 2006). Le Metsähallitus a également réduit plusieurs fois le volume des coupes de bois autorisées, passant de 200 000 m³ dans les années 1980 à 115 000 m³ en 2006.

Cependant, plusieurs problèmes fondamentaux n'étaient pas réglés pour autant, ce qui entraîna, comme nous venons de le voir, un mouvement de protestation très important. En dépit du processus participatif, le Metsähallitus adopta par la suite un Plan concernant les Ressources Naturelles, sans l'approbation du Parlement Saami finlandais, ni des coopératives Saami d'élevage de rennes qui le contestaient. Ces dernières considéraient le quota annuel de coupe de bois d'oeuvre comme trop élevé (en dépit des réductions) et son impact négatif sur l'élevage de rennes, inacceptable. Le Metsähallitus défendit sa décision en déclarant que le quota de coupe de bois d'oeuvre retenu était nécessaire pour le maintien de la scierie locale et pour l'emploi des travailleurs dépendants du bois et de la forêt, en Laponie du nord. Dans le même sens, les clients du Metsähallitus – tels que le « géant du papier » Stora Enso – continuaient d'avancer l'argument que le Plan concernant les Ressources Naturelles était un « bonne base pour continuer des négociations locales ». Ainsi Stora Enso considérait que le volume de bois que lui fournissait le Metsähallitus pour le marché de la pulpe et du papier était à la fois légitime et éthique (Lawrence R., sous presse). Les industriels quant à eux, défendaient l'argument que le Plan concernant les Ressources Naturelles avait été élaboré de façon démocratique, transparente et consensuelle, bien que les éleveurs de rennes Saami contestaires aient protesté non seulement contre les quotas de coupes de bois, mais aussi contre le cadre de négociation adopté par Metsähallitus.

Les conflits étaient exacerbés par le rôle controversé du Metsähallitus, qui a une fonction duelle en Laponie du nord en tant que régulateur des terres et exploitant forestier. Le Metsähallitus coupe du bois sur des terres déclarées par l'État comme siennes, et en même temps, il représente l'État en tant que gestionnaire de ces terres. Le Metsähallitus est une puissante entreprise d'État, il est le plus grand fournisseur de bois

4. Voir aussi www.metsa.fi pour le matériel public du Metsähallitus sur la Laponie du nord.

en Laponie du nord. Bien qu'il se distingue de l'État finlandais par son statut d'entreprise, il est étroitement régi par le Ministère Finlandais de l'Agriculture et de la Foresterie. S'il est une question qui est devenue prioritaire pour les éleveurs de rennes Saami, pour Greenpeace et pour les organisations saami, c'est bien celle de la valeur des négociations et des procédés de mise en place d'accords sur les coupes du bois, dans lesquels le Metsähallitus est à la fois médiateur dans les discussions entre les actionnaires, et promoteur de la coupe du bois. Ils pensent que les forums regroupant différents actionnaires (par exemple lors des séances publiques) ont pour fonction de faire taire des voix discordantes par la pratique du dialogue qui suppose, à tort, l'égalité parmi des actionnaires (Raitio 2006). Malgré l'engagement du Metsähallitus dans les discussions des tables rondes et la participation du public, les coupes du bois ont souvent continué indépendamment du fait qu'un consentement ait été donné ou pas par les éleveurs de rennes saami.

Conflits aux niveaux local, national et international

Le Metsähallitus et les acheteurs de bois finlandais, tels que Stora Enso, ont généralement présenté le problème comme un conflit local entre les éleveurs de rennes et les coupeurs de bois. La solution, selon eux, résidait dans un équilibrage de revenus au niveau local (entre les coupeurs de bois et les éleveurs de rennes) en utilisant le processus de Planification des Ressources Naturelles (Lawrence R., sous-presse, Raitio 2006). En effet, les conflits ont une longue histoire, et le contexte local fait partie intégrante de leur compréhension. Leurs impacts sont aussi extrêmement tangibles au niveau de la communauté locale.

Mais comme les conflits sont arrivés à un point où ils impliquent des acheteurs internationaux de papier, des interventions onusiennes à propos des politiques étatiques finlandaises, des critiques par les ONG internationales, l'intérêt des militants préoccupés d'éthique et des organisations à vocation éthique, ainsi que le mouvement transnational des peuples autochtones, alors, les besoins locaux doivent être interprétés à partir des objectifs nationaux et internationaux afin de comprendre la complexité des conflits et, dans le meilleur des cas, les résoudre.

Bien que l'industrie de l'exploitation forestière demande de façon unanime que des solutions « locales » soient trouvées pour résoudre des problèmes « locaux » – les éleveurs de rennes saami, les organisations saami et les ONG protestataires n'ont pas voulu limiter leurs problèmes au niveau local. Pour eux, les conflits représentent de plus larges problèmes au niveau national et international. Les éleveurs de rennes saami considèrent le conflit comme un exemple de défaillance de l'État finlandais dans le suivi de ses engagements législatifs concernant leurs droits. Ils ont fait pression sur le ministère finlandais de l'agriculture et de l'exploitation forestière pour qu'il abaisse les quotas de coupe de bois et retire de manière permanente 700 km^2 de terre productive forestière de l'exploitation forestière. Ils ont également exigé des négociations directes avec l'État plutôt qu'avec le Metsähallitus, sa « branche d'affaires », (Raitio 2006).

Afin d'augmenter la pression exercée sur le gouvernement finlandais, Greenpeace a soutenu les revendications des éleveurs et a fait campagne contre la clientèle du Metsähallitus en Finlande, en Allemagne et au Royaume-Uni. Greenpeace a fait appel à la responsabilité de l'industrie papetière afin qu'elle vérifie que le bois soit bien coupé selon des principes de durabilité écologique et sociale. Outre les discussions avec les agences d'évaluation d'éthique et les actionnaires préoccupés d'éthique, le Conseil Saami a également recensé des résolutions d'actionnaires lors des assemblées générales ordinaires de Stora Enso, et a proposé que cette entreprise cesse d'acheter du bois venant des secteurs conflictuels enregistrés par le Metsähallitus (Lawrence, sous-presse).

À peu près en même temps que le Conseil Saami et Greenpeace augmentaient la pression sur Stora Enso et leurs clients, plusieurs éleveurs de rennes saami venant des secteurs affectés d'Inari – les frères Paadar – présentaient, à la fin de l'année 2005, une requête auprès de la Commission des Droits de l'Homme de l'ONU afin que l'on suspende la coupe de bois dans les forêts concernées par les conflits, le temps que les éleveurs fassent un procès national contre l'État. L'appel des frères Paadar concernait une petite zone d'exploitation de bois dans le village de Nellim, portion d'un territoire plus grand (92 000 hectares), objet de conflits, qui avait été délimité par Greenpeace et les éleveurs saami locaux. La Commission des Droits de l'Homme de l'ONU répondit favorablement à la requête des éleveurs saami après plusieurs jours de débats et la coupe du bois fut interrompue à Nellim peu après. La démarche des éleveurs de rennes auprès de l'ONU et la campagne du Conseil Saami à propos des indices d'éthique n'avaient pas été coordonnées, mais leur planification coïncidait sur plusieurs points. Du point de vue du Conseil Saami et des éleveurs de rennes locaux, l'exploitation du bois avait empiété sur les pâturages traditionnels, à tel point qu'aucune parcelle de forêt n'était jugée pouvoir donner lieu à des négociations et que le passage à l'action devenait absolument nécessaire. Tandis que les éleveurs saami prenaient la voie du système législatif, et que le Conseil Saami choisissait celle du « marché » en faisant pression sur les indices d'éthique, ces deux campagnes ont convergé de manière significative.

Considérer ces disputes simplement comme des conflits locaux – ainsi que l'industrie forestière finlandaise le fait couramment – c'est perdre de vue les liens complexes qui existent entre les sphères locales, nationales et internationales ainsi que les moyens stratégiques utilisés par le peuple saami pour marquer son désaccord de multiples façons.

Qui est responsable ?

Un autre défi conceptuel celui-là, réside dans la manière dont les gens pensent et parlent à propos de la notion de responsabilité. Malgré l'engagement de Stora Enso en ce qui concerne les principes de la « responsabilité sociale des entreprises » de l'engagement de l'État finlandais envers les droits culturels saami, et de l'engagement du Metsähallitus à respecter ces droits comme faisant partie de ses procédés de planification participative, la définition des responsabilités reste un défi pour les actionnaires impliqués. Stora Enso prétend qu'il n'a pas d'implication directe dans les conflits et qu'il est simplement un client du Metsähallitus. En outre, il revendique l'approvisionnement de bois « qu'on lui conteste » en expliquant aux clients de papeterie que les éleveurs de rennes contestataires ne représentent qu'une partie des nombreux actionnaires concernés. Le Metsähallitus, à son tour, prétend qu'il est dirigé par le Ministère de l'Agriculture et de la Foresterie et qu'il n'est pas mandaté pour négocier avec les éleveurs saami des réductions radicales du volume des coupes de bois ou l'interdiction de la coupe du bois dans de nouveaux secteurs d'exploitation forestière.

Finalement, le premier ministre finlandais fit une déclaration début 2005, à propos d'Inari, affirmant que le gouvernement finlandais n'était pas concerné par ce conflit parce qu'il s'agissait, d'une part, d'une «dispute locale», et d'autre part, d'une affaire conduite par les acheteurs de papier internationaux[5]. Sa responsabilité était donc niée en invoquant celle des autres.

Mais il est un temps où les responsabilités doivent être prises à tous les niveaux. Au lieu d'alimenter les conflits entre les éleveurs de rennes locaux et les coupeurs de bois – tous les deux incluant des finlandais saami et non-saami – par l'utilisation d'une rhétorique politique, l'État finlandais devrait rédiger une législation prévoyant une institution de co-gestion pour l'utilisation des forêts d'État du Saapmi, qui incluerait des Saami, d'autres personnes locales et des représentants de l'État. La législation existante, concernant les droits saami opposables aux autres intéressés pour l'usage du territoire, a également besoin d'être renforcée avec des règlements plus concrets et plus spécifiques. En outre, l'État a besoin de réviser en profondeur sa conception de l'organisation du Metsähallitus, afin que les propres intérêts économiques de l'État n'enlèvent pas tout leur sens aux négociations avec les éleveurs de rennes. Le Metsähallitus devrait développer des procédures équitables de négociation avec les éleveurs saami locaux et reconnaître les utilisations différentes de la terre: l'élevage de rennes saami est protégé par la législation finlandaise et les conventions internationales mais d'une autre façon que la coupe de bois d'oeuvre. De son côté, Stora Enso doit développer des directives plus claires et des politiques écrites pour la fourniture du bois en provenance des territoires des peuples autochtones; il doit s'assurer également que le Metsähallitus respecte de tels engagements. Enfin, la clientèle internationale qui achète le papier a aussi une responsabilité. Elle doit s'assurer que l'origine de ce papier correspond bien aux règles d'éthique qu'elle a adoptées et au respect des droits des peuples autochtones découlant de l'usage traditionnel de leur territoire.

Tandis que l'issue des conflits forestiers reste incertaine, il semble clair que la coopération et la coordination accrues entre les

5. Diffusé par le Premier Ministre finlandais, Matti Vanhanen, sur une radio locale laponne, le 28 novembre 2005 (www.lapinradio.fi) et dans le journal local *Lapin Kansa*, le 29 novembre 2005.

coopératives d'élevage, les ONG environnementalistes et les organisations politiques saami, ont sensiblement augmenté la capacité des éleveurs de rennes saami à faire entendre leurs voix.

Mais cela a un coût. La coopération avec Greenpeace a conduit à de très fortes réactions chez les acteurs locaux et internationaux impliqués dans le commerce du bois d'œuvre. Ces réactions ont visé non seulement Greenpeace, mais également les éleveurs de rennes saami contestataires. Cela a entraîné de profondes divisions dans certaines communautés locales. Certains, qui appuyaient la coupe du bois, ont réclamé un boycott de la viande de renne et ont même proféré des menaces à l'encontre des contestataires, éleveurs de rennes ou autres.

Cependant, aussi sérieuses que puissent être ces affaires, elles sont des manifestations locales d'enjeux beaucoup plus importants. L'intérêt international pour ces questions – qu'il s'agisse des indices d'éthique, de l'ONU, des clients de papier et de la communauté internationale des ONG – les a rendues tellement complexes que l'État finlandais ne peut plus continuer à les considérer comme des contestations « locales ».

C'est ainsi que ces conflits, et la responsabilité de leur résolution, sont insérés dans l'enchevêtrement des réseaux locaux, nationaux et internationaux.

Remerciements

Nous voudrions remercier le Metsähallitus, Stora Enso, Greenpeace, le Conseil Saami et les habitants d'Inari pour leurs généreuses contributions à ce travail. Nous prenons la pleine responsabilité de la recherche exposée ci-dessus.

Références

Finnish Forest Foundation, 2005, *Northern Lapland – Only The Feeling Is True (Ylä-Lappi – Vain Tunne On Totta ; Oberlappland – Nur Gefühle sind echt)*, DVD Edition 20.6.2005

Lawrence R. (sous-presse), Corporate Social Responsibility, Supply-chains and Sámi claims : Tracing the Political in the Finnish Forestry Industry. *Geographical Research.*

Magga H., 2003, Poronhoidon menetykset ja sopeuttaminen suuriin ympäristömuutoksiin Lapin paliskunnassa 1950-luvulta lähtien. In : Heikkinen, H., 2003, *Kuuluuko sääsken ääni taivaaseen ?* Helsinki University of Technology, Laboratory of Environmental Protection, Publication 3/2003. pp. 11-78.

Piiparinen H. & Kotisaari A., 2006, *Participatory Processes in Finnish Forest Conservation. Participation by stakeholders.* Helsinki, Ministry of Agriculture and Forestry.

Raitio K., 2006, *Environmental conflicts and their management : the conflict between reindeer herding and timber production in Inari, Finland.* Paper presented at Vaartoe – Sami research in the future. 21-23 August 2006. Jokkmokk, Sweden.

Tuulentie S., 2003, For and against the rights of the Sami people : The Argumentation of the Finnish Majority in the Debate on the Sami Rights. In : Svein J., Minde H., and Nilsen R. (eds), *Indigenous Peoples : Resource Management and Global Rights. Eburon Publishers, Delft.*

Cet article s'appuie sur une recherche en cours de Rebecca Laurent et de Kaisa Raitio. Pour les résultats préliminaires en anglais, voir Lawrence (sous-presse) et Raitio K. (2006).

La forêt de recherche John Prince.
Photo. Dexter Hodder.

Une gestion forestière fondée sur des valeurs locales : un exemple de gestion collective en Colombie Britannique*

Par Gail Fondahl, Beverly Leon et Sue Grainger

En 1999, les Tl'azt'en, une des Premières Nations du centre de la Colombie Britannique au Canada, et l'University of Northern British Columbia (UNBC) ont fondé ensemble la John Prince Research Forest (JPRF). Les Tl'azt'en sont environ 1 500 individus, dont la moitié vit dans quatre villages à l'intérieur de leur territoire traditionnel. Ils parlent une langue de la famille athapaskan, le Dakelh (connu aussi sous le nom de Carrier). Ce territoire couvre quelque 6 500 kilomètres carrés au centre nord de la Colombie Britannique. Les Tl'azt'en sont par tradition chasseurs-trappeurs, cueilleurs et pêcheurs ; ils continuent à mener ces activités mais ils travaillent également dans l'industrie forestière et dans d'autres secteurs locaux. Le taux de chômage est élevé et les Tl'azt'en ne contrôlent plus les ressources de leur territoire ancestral.

L'University of Northern British Columbia, fondée en 1990, s'est ouverte en 1994. Depuis le début, elle a voulu mettre en place un espace forestier consacré à la recherche et à la formation des étudiants et des diplômés de sa Faculty of Natural Ressources and Environmental

* Article traduit de l'anglais par Coulange L., révisé par Dreyfus - Gamelon S., et par Chassin J.

Studies. En 1994, le ministère des forêts de Colombie Britannique a désigné 13 000 hectares de forêt «de la Couronne, non attribués» utilisables à cet effet. Ces terres étaient situées à l'intérieur du territoire traditionnel des Tl'azt'en, qui ont entamé des négociations avec l'université pour coopérer dans leur gestion. En 1999, le ministère des Forêts de la province les a donc attribués aux chercheurs, en vue d'une cogestion avec les Tl'azt'en.

L'intégration des approches traditionnelle et scientifique dans la gestion des forêts

La John Price Research Forest (JRPF) est un espace d'exploitation forestière autant qu'un service de recherche et d'éducation. L'exploitation de la forêt subventionne de nombreux programmes de recherche et d'éducation dont bénéficient les Tl'azt'en et l'University of Northern British Colombia; elle subvient également aux frais de fonctionnement du service. La Chuzghun Resources Corporation (CRC), une organisation à but non lucratif détenue par les Tl'azt'en et l'université, fait office de bureau de co-gestion, avec trois membres choisis par les Tl'azt'en et trois par l'université. Ce bureau a fait de «l'intégration des approches traditionnelle et scientifique dans la gestion des ressources et dans le programme de recherche pour une gestion saine et durable» son objectif principal (JPRF Co-management Board – Bureau de co-gestion 1999).

Alors que les ventes de bois de construction permettent de financer les activités de formation, d'éducation et de recherche, la forêt est également un lieu important pour la poursuite des activités familiales de subsistance. On trouve sur son territoire des sites de cueillette de plantes médicinales et alimentaires, des chemins forestiers traditionnels des Tl'azt'en, des arbres et des lieux dont la signification spirituelle perdure. La plus grande partie de la forêt attribuée au programme de recherche est constituée de trois *Keyoh*, c'est-à-dire trois territoires familiaux: les familles étendues Tl'azt'en gèrent et administrent les ressources de leur *Keyoh* pour assurer leur bien-être quotidien et celui des générations futures. Ce système d'autodétermination de leur vie politique et de la gestion de la terre s'est quelque peu détérioré au cours du vingtième siècle, avec l'apparition des institutions étatiques et la réglementation de la trappe. Aujourd'hui, les Tl'azt'en continuent de pratiquer le système des *Keyoh*, et veulent faire revaloir leurs droits à se gouverner. Les différents usages de la forêt par les Tl'azt'en et leur système politique traditionnel doivent être pris en compte dans les méthodes de gestion du projet John Prince Research Forest.

Recherches en collaboration

Bien que la JPRF ait été mise en place pour servir les deux co-gestionnaires, comment la Chuzghun Resources Corporation peut-elle connaître leurs besoins, ou savoir si les pratiques de gestion réalisent les objectifs visés ? Au cours des cinq dernières années, qui ont suivi la mise en place de la JPRF, les Tl'azt'en et l'University of Northern British Columbia ont mené un programme de recherche en collaboration pour comprendre quelles sont les conceptions de la gestion durable de la forêt des Tl'azt'en d'une part et des chercheurs de l'autre, afin que la Chuzghun Resources Corporation soit à même de prendre des mesures de pilotage qui assurent le succès du projet de la JPRF en combinant les deux conceptions. Les recherches inspirent également les décisions à prendre pour réinvestir l'argent de l'exploitation de la forêt, et pour choisir les zones d'exploitation. Les critères locaux et les indicateurs de gestion durable de la forêt ont été étudiés autant en termes de processus que de résultats visés par la co-gestion (Sherry *et al.* 2005, Grainger *et al.* 2006).

Valeurs Tl'azt'en pour une gestion durable de la forêt

Le tableau suivant résume quelques-uns des critères, indicateurs et valeurs que les Tl'azt'en mentionnent comme étant essentiels dans leur définition d'une gestion durable de la forêt (on peut trouver une liste plus complète dans Sherry *et al.* 2005). Il est intéressant de noter que dans la définition Tl'azt'en les critères et les indicateurs portant sur des résultats sociaux et culturels sont aussi importants que les résultats économiques et écologiques. La dimension sociale et culturelle de la durabilité a suscité moins d'intérêt dans l'établissement des critères et des indicateurs de sylviculture durable au niveau national et international.

Tableau 1 • *Exemples de critères, indicateurs et valeurs Tl'azt'en pour une gestion durable de la forêt*

Durabilité économique		
Critères	**Indicateurs**	**Valeurs critiques tl'azt'en**
Fournir des possibilités économiques locales	Capacité de la communauté	Fournir l'éducation et la formation pour promouvoir le développement économique local
	Accès à des possibilités économiques (en sylviculture)	Diffuser la connaissance des possibilités et des avantages parmi les petits acteurs
Permettre l'utilisation du territoire pour des activités de subsistance	Possibilité de faire de la pêche de subsistance	Préserver la faune ichtyologique : omble, truite, saumon, esturgeon, poisson pilote, (poisson blanc) merlan ?
	Possibilité de faire de la chasse de subsistance	Préserver la faune terrestre sauvage ours, cerfs, caribous, orignaux, tétras, lapins et chevreuils.
	Possibilité de poursuivre leur cueillette de subsistance	Préserver la flore : plantes médicinales, alimentaires, et d'usage matériel
	Possibilité de faire de la trappe de subsistance	Préserver la faune : lapins, castors, coyotes, renards, lynx, marmottes, visons, rats musqués, loutres, écureuils
Fournir des possibilités d'emploi	Etablissement de règles en matière d'emploi	Priorité d'embauche pour les Tl'azt'en, et les membres des Keyoh
	Assurer l'équité des offres d'emploi	Répartition des offres entre les différentes familles et entre les petits entrepreneurs
		Développement des offres d'emplois pour les femmes, les jeunes, les membres des Keyoh
Durabilité économique		
Maintenir la fonction et l'État de l'écosystème forestier	Maintenir la diversité de l'écosystème	Protection et production des plantes médicinales
		Usage de techniques de récolte ayant l'impact écologique le moins néfaste
		Maintient des modèles et des processus écologiques naturels (ex : danger du feu, insectes, maladies)
		Conservation du territoire forestier
		Restauration écologique des sites dégradés ou endommagés
	Maintenir la diversité biologique	Maintient des populations et des habitats viables pour les poissons, ongulés, oiseaux, petits mammifères, carnivores, animaux à fourrure
		Maintient des populations et des habitats viables pour les plantes médicinales, alimentaires et d'usage matériel
		Protection des sites écologiques rares et des paysages particuliers
		Protection des espèces menacées
	Protéger les zones riveraines	Protection des marécages, des lacs, des étangs, des fleuves et des cours d'eau
	Protéger les ressources aquatiques	Protection des sources d'eau pour la consommation humaine, les poissons, et les animaux sauvages
Durabilité sociale et économique		
Santé et bien-être de la communauté	Contribuer au développement de la communauté	Augmentation des infrastructures des communautés (ex : loisirs, centres d'apprentissages traditionnels)
	Construire du relationnel	Accès à des services pour la communauté
		Développement les liens intergénérationnels
	Indépendance	Amélioration de la cohésion au sein de la communauté
		Sécurité d'accès, à long terme, aux terres et aux ressources
	Reviviscence culturelle	Reconnaissance et respect du droit institutionnel et coutumier
		Transmission du savoir traditionnel et des valeurs culturelles
		Restauration des formes politiques traditionnelles
		Transmission du savoir spécifique sur le statut social des sexes
		Restauration du rôle éducatif des aînés
		Augmentation des possibilités de mener un apprentissage basé sur l'observation et l'expérience
		Respect de la tradition orale

Note : Cela est une liste très incomplète des critères, indicateurs et valeurs locales qui se sont manifestés au cours des recherches ; elle a seulement pour but d'illustrer la grande variété de telles valeurs.

De l'identification des valeurs locales à une mise en application au niveau des pratiques

L'organisation de la sylviculture de la JPRF prend en considération de nombreuses valeurs énoncées par les Tl'azt'en quant à la durabilité. Les Tl'azt'en, dont le *Keyoh* est situé à l'intérieur du tracé de la JPRF, ont pu profiter d'un accès prioritaire à l'emploi, ainsi qu'à des fonds issus de l'exploitation forestière pour développer l'infrastructure de leur *Keyoh* (exemple : rénovation de huttes de trappe, restauration des chemins forestiers, etc.). Leur apport est sollicité et inclus dans l'organisation des programmes de développement de la forêt et de la vie sauvage de la JPRF. Les Tl'azt'en (dont les membres des *Keyoh*) ont bénéficié de nombreuses formations et ont été employés dans les opérations de sylviculture de la JPRF, ainsi que dans des programmes de gestion de services, de recherche et d'éducation. Les préoccupations des membres des Keyoh quant à la durabilité des ressources ont été incluses dans un programme de contrôle de l'environnement à base communautaire, au sein duquel ils occupent des emplois rémunérés. Les projets de recherche développés entre les Tl'azt'en et l'université comprennent la documentation et la conservation des connaissances traditionnelles des plantes et des noms de lieux, le développement des programmes de sorties culturelles autour des savoirs écologiques traditionnels, l'observation du potentiel de diversification de l'économie de la forêt (exemple : l'écotourisme), et le développement de méthodologies pour l'intégration des valeurs écologiques des Premières Nations dans la gestion des forêts. La JPRF a collaboré avec le peuple Tl'azt'en sur de nombreux projets dont, pour l'instant : une étude du marché du travail, le développement des lieux de campement traditionnels et un programme de contrôle de la vie sauvage. Les profits de l'exploitation du bois ont également servi à financer les sorties culturelles, des bourses pour les Tl'azt'en poursuivant des études supérieures, la formation technique à la gestion des ressources naturelles, et à aider des groupes dans les communautés, comme la jeune équipe locale de hockey.

Les recherches visent également à mesurer le succès (ou l'échec) de la rencontre des valeurs Tl'azt'en et de celles de l'université dans la gestion durable de la forêt. La co-gestion est un processus : chacune des deux parties apporte des forces différentes à leur partenariat et, avec le temps, leur relation dans la co-gestion évolue et mûrit. Pour structurer le partenariat et s'assurer que les conceptions locales de la durabilité seront toujours prises en considération, les gérants de la JPRF établissent des critères qui fourniront à son conseil d'administration une directive tenant compte des attentes de la communauté sur les questions de durabilité, et donnant un moyen de contrôle qui montrera les progrès dans cette prise en considération des valeurs locales de ses membres.

Anciens Tl'azt'en participant à un groupe de réflexion sur l'éducation. Photo Sarah Parsons.

Références

Partenariat pour une gestion durable des ressources. Tl'azt'en-UNBC Community-University Research Alliance website: http://cura.unbc.ca.

Grainger S., Sherry E. and Fondahl G., 2006, « The John Prince Research Forest: evolution of a co-management partnership in northern British Columbia », in *The Forestry Chronicle* 82 (4): 484-495.

John Prince Research Forest Co-management Board, 1999, *JPRF Strategic Planning Session Document*, 29-30 October 1999.

Karjala M., Sherry E. and Dewhurst S., 2004, « Criteria and indicators for sustainable forest planning: a framework for recording Aboriginal resource and social values », in *For. Pol. Econ.* 6: 95-110.

McGregor D., 2002, « Indigenous knowledge in sustainable forest management: community-based approaches achieve greater success », in *The Forestry Chronicle* 78: 833-836.

Sherry E., Halseth R., Fondahl G., Karjala M. and Leon B., 2005, « Local-level criteria and indicators: an Aboriginal perspective on sustainable forest management », in *Forestry* 78 (5): 513-539.

Treseder L. and Krogman N., 1999, « Features of First Nation forest management institutions and implications for sustainability », in *The Forestry Chronicle* 75 (5): 793-798.

Community-University Research Alliance project, a position she also held on previous Tl'azt'en-UNBC research projects on local criteria and indicators of joint forest management.

Les autochtones et la gestion forestière au Québec*

En octobre 2003, le gouvernement du Québec a créé la Commission d'Étude sur la Gestion de la Forêt Publique Québécoise. Présidée par M. Guy Coulombe, cette commission scientifique, technique, publique et indépendante, avait pour mandat général de dresser l'État de la situation en ce qui concerne la gestion des forêts publiques du Québec et de recommander des améliorations qui permettront de bonifier le régime forestier dans une perspective de développement durable. Les audiences publiques ont eu lieu dans toutes les régions du Québec, dans quinze villes et trois communautés autochtones. Une journée a également été consacrée à une consultation publique spéciale des communautés autochtones, en collaboration avec l'Assemblée des Premières Nations du Québec et du Labrador.

La Commission a reçu plusieurs mémoires de la part des Premières Nations du Québec et tenu des séances de consultation publique spécialement consacrées à en discuter le contenu[1]. Par ailleurs, plusieurs mémoires déposés par des non-autochtones (compagnies, regroupements, etc.) ont décrit des points de vue très convergents par rapport aux orientations suggérées par les représentants autochtones[2].

---

* Source : chapitre 8 du *Rapport de la Commission d'étude sur la gestion de la forêt publique québécoise*, octobre 2003.

1. Dans ses consultations auprès des Premières Nations, la Commission a tenu les rencontres suivantes :
– 26 avril Communautés Anishnabe Lac Simon ;
– 19 mai Communautés Atikamekw Wemotaci ;
– 14 juin Communautés Innues Pessamit ;
– 25 août Assemblée des Premières Nations Wendake du Québec et du Labrador.

2. Bien que les recommandations soient celles de la Commission, ce chapitre s'inspire des documents suivants : le mémoire de l'Institut de développement durable des Premières Nations du Québec et du Labrador ; les mémoires déposés par diverses nations autochtones ; les mémoires issus de groupes non autochtones ; une synthèse des aspects juridiques préparée pour la Commission par L. Bernard, négociateur spécial du gouvernement du Québec sur divers dossiers autochtones ; les documents du ministère des Ressources naturelles, de la Faune et des Parcs et du Secrétariat aux Affaires Autochtones.

Les droits ancestraux des autochtones

Dès le début de ses travaux, la Commission a souligné qu'il n'entrait pas dans son mandat de discuter des droits ancestraux des Premières Nations et, qu'en conséquence, ses travaux ne porteraient pas sur cette question. La Commission maintient cette position et ne tentera pas de décrire la nature et l'étendue des droits ancestraux que les autochtones du Québec pourraient faire valoir, ni les territoires sur lesquels ces droits pourraient s'exercer. Par contre, il ne convient pas de faire comme si les autochtones étaient exactement dans la même situation juridique que les autres acteurs du domaine forestier. Cela équivaudrait à se fermer les yeux sur un élément important du dossier en espérant qu'il se règle, en quelque sorte, de lui-même ou ne produise aucun effet. Selon la Commission, il ne serait ni réaliste ni sage de faire comme si cette question importante n'existait pas, alors qu'elle resurgit régulièrement devant les tribunaux ou fait l'objet de contestations sur le terrain.

La situation particulière des autochtones

Les Québécois et les Canadiens ont été lents à reconnaître que les autochtones, en tant que premiers habitants du pays, jouissaient de droits particuliers. Au cours des trente dernières années, cette reconnaissance est devenue de plus en plus manifeste à mesure que ces droits, appelés « droits ancestraux ou issus de traités », ont été reconnus par les tribunaux[3], l'Assemblée nationale[4], le Gouvernement[5], certaines lois[6] et même la Constitution canadienne[7]. Au moment de l'arrivée des premiers Européens, les autochtones habitant le Québec

---

3. Les décisions de la Cour suprême du Canada et des autres tribunaux québécois et canadiens portant sur les droits ancestraux des autochtones sont nombreuses. On en retrouvera la liste en consultant les arrêts suivants: Delgamuukw c. B.C., [1997] 3 R.C.S 1010; R. c. Marshall, [1999] 3 R.C.S. 456; Mitchell c. M.N.R., [2001] 1 R.C.S. 911; R. c. Gladstone, [1996] 2 R.C.S. 723; R. c. Van der Peet, [1996] 2 R.C.S. 507; R. c. Pamajewon, [1996] 2 R.C.S. 821; R. c. Badger, [1996] 1 R.C.S. 771; R. c. Adams, [1996] 3 R.C.S 101; R. c. Gray, 2004 NBCA 57.
4. Résolutions de l'Assemblée nationale du Québec du 20 mars 1985 et du 30 mai 1989.
5. Partenariat, Développement, Actions. Secrétariat aux affaires autochtones. 1998.
6. Loi sur les forêts, L.R.Q., c. F-4.1. Articles 24.5, 25.2, 171.1
7. Loi constitutionnelle canadienne 1982. Article 35.

étaient des nomades, vivant de chasse, de pêche, de cueillette et de piégeage. Leur lien traditionnel avec la forêt est donc à la fois historique et culturel ; ce lien subsiste encore aujourd'hui, surtout dans les forêts publiques.

Sans entrer sur le strict terrain juridique, la Commission peut toutefois s'appuyer sur un consensus de plus en plus répandu à l'effet que les autochtones, en raison de leur situation juridique, sont appelés à jouer un rôle particulier dans la gestion des ressources naturelles et, notamment, dans celle des forêts. Dans la pratique, ce consensus s'est traduit par une reconnaissance tacite de ce rôle particulier. À titre d'exemple, le Procureur général du Québec l'a récemment fait valoir dans son mémoire à la Cour suprême du Canada dans l'affaire concernant la Première Nation Tlingit de Taku River en Colombie-Britannique :

> *« On ne saurait sous-estimer l'impact considérable qu'a eu l'entrée en vigueur de l'art. 35 [de la Constitution canadienne] et le vaste développement jurisprudentiel des années 1990 sur les relations entre les peuples autochtones et les gouvernements fédéral et provinciaux. Les gouvernements n'agissent plus comme si les peuples autochtones étaient sans droit. Dorénavant, ils cherchent par des moyens législatifs et administratifs à prendre en compte la présence des autochtones sur le territoire et à développer de meilleures relations avec eux, notamment en les faisant participer davantage au développement économique et en favorisant une plus grande harmonisation entre leurs activités traditionnelles et l'exploitation des ressources naturelles. Cela se manifeste, d'une part, par la conclusion de nombreuses ententes entre le gouvernement du Québec et les communautés autochtones sur des sujets variés et, d'autre part, par un souci grandissant du gouvernement du Québec de tenir compte du point de vue des autochtones lorsque cela est possible, que cela découle d'obligations législatives ou de politiques administratives que peuvent se donner de temps à autre les ministères et organismes dont les actions sont les plus susceptibles d'affecter les intérêts des groupes autochtones[8]. »*

8. Mémoire du Procureur général du Québec à la Cour suprême du Canada dans la cause de Taku River Tlingit First Nation.

Ce mémoire du Procureur général donne de nombreux exemples où une telle consultation particulière est exigée par la loi[9] ou par les politiques gouvernementales[10]. Il s'agit d'une pratique préconisée à l'échelle canadienne[11] et qui pourrait avoir des répercussions internationales[12]. Dans son jugement rendu le 18 novembre 2004 sur l'affaire *Taku River*, la Cour suprême du Canada confirme le devoir du Gouvernement de consulter et, au besoin, d'accommoder les communautés autochtones qui revendiquent des droits sur un territoire, si la revendication paraît sérieuse en droit, et ce, même si les droits revendiqués n'ont pas été établis. La Cour confirme par là deux jugements de la Cour d'appel de Colombie-Britannique portant sur des affaires où la gestion de la forêt publique est en cause.

Dans l'évolution de cette perspective, le gouvernement du Québec et les Premières Nations ont récemment élaboré une politique de coordination des différentes stratégies concernant le développement des nations autochtones[13]. Le Conseil conjoint des élus constitue un lieu d'échanges politiques qui a débuté ses travaux en septembre 2003. Depuis, quatre réunions formelles ont été tenues et plusieurs tables techniques ont été mises sur pied. Ce conseil est composé de six élus, dont trois proviennent du gouvernement du Québec et trois des nations autochtones. Les thématiques majeures abordées sont le territoire et les

9. Notamment dans le domaine des forêts, de la faune et des mines.
10. Politique de consultation sur les orientations du Québec en matière de gestion et de mise en valeur du milieu forestier. Ministère des Ressources naturelles. Février 2003.
11. Conseil canadien des ministres des forêts, Groupe de travail sur les critères et les indicateurs de développement durable.
12. Forum Forestier des Peuples Autochtones. Plan d'action de Wendake. Septembre 2003.
13. Cette nouvelle politique de coordination des différentes stratégies concernant le développement des nations autochtones est inscrite dans un « Engagement politique mutuel » qui se lit comme suit : Le Gouvernement du Québec et l'Assemblée des Premières Nations du Québec et du Labrador conviennent de développer et de maintenir des relations harmonieuses et respectueuses. À cette fin, ils s'engagent, de bonne foi, dans une démarche politique conjointe. Ils établissent un conseil conjoint des élus, sans préjudice à leurs juridictions respectives, aux relations bilatérales qu'ils entretiennent ou à la relation fiduciaire entre le gouvernement du Canada et les Premières Nations. Ce conseil, formé d'un nombre égal d'élus, se réunira, au besoin, à compter de l'automne 2003 et mettra fin à ses travaux exploratoires au printemps 2004.
Le Premier ministre du Québec et l'Assemblée des Premières Nations du Québec et du Labrador conviennent d'aborder notamment les thématiques suivantes :
– le territoire et les ressources ;

ressources, la fiscalité et le développement de l'économie, ainsi que les services de la population autochtone à l'intérieur et hors réserve.

Le mandat de ce comité dépasse largement les questions reliées au développement forestier. Toutefois, il est très clair, pour l'ensemble des participants, que la «question forestière» constitue un des éléments centraux de la problématique discutée.

L'encadrement des processus de participation dans la gestion forestière

Dans les mémoires que la Commission a reçus de la part des Premières Nations du Québec, le type de gestion forestière préconisée est celui *d'une gestion intégrée des ressources*, basée sur une exploitation de la ressource ligneuse respectueuse de la protection de l'environnement et de la conservation de la diversité biologique. Ces préoccupations rejoignent celles de la majorité des intervenants qui se sont présentés devant la Commission.

Par ailleurs, c'est à l'égard du cadre de gestion qui doit être instauré pour assurer la mise en œuvre de cette gestion forestière intégrée que les autochtones font des demandes spéciales liées à leur statut juridique particulier. Que ce soit à titre de «co-gestionnaires[14]», de «partenaires de plein droit[15]» ou d'«acteurs de premier plan[16]», ils souhaitent que leur participation à la gestion forestière soit «significative», «réelle»

Suite note 13.
– la fiscalité et le développement de l'économie;
– les services à la population autochtone sur et hors réserve.
Cette démarche politique innovatrice permettra de progresser dans une meilleure connaissance du point de vue de chacun. Elle pourrait mener à terme à la mise en place d'un mécanisme d'échanges politiques permanent.
Le Premier ministre s'engage à ce que les membres désignés de son gouvernement participent activement à ce conseil. L'Assemblée des Premières Nations du Québec et du Labrador, représentée par le chef régional, s'engage également à ce que les chefs désignés de l'Assemblée des Premières Nations du Québec et du Labrador y contribuent pleinement. Signé par:
Ghislain Picard, Chef régional de l'Assemblée des Premières Nations du Québec et du Labrador, Jean Charest, Premier ministre du Québec, Le 17 juin 2003

14. Mémoire de l'Assemblée des Premières Nations du Québec et du Labrador, p. 14.
15. Mémoire de la Première Nation de Timiskaming, p. 3.
16. Mémoire du Conseil tribal Mamuitun mak Nutashkuan, p. 22.

et « déterminante », et qu'elle couvre toutes les étapes de la gestion forestière, à partir de la planification générale jusqu'à la récolte annuelle de bois.

C'est pourquoi le Gouvernement, s'appuyant précisément sur la pratique qui s'est développée au Québec, a commencé à mettre au point, avec certaines Premières Nations, des modes particuliers de participation des autochtones à la gestion forestière.

Les modes de participation découlant d'ententes globales

À l'heure actuelle, deux modes de participation des autochtones à la gestion forestière sont connus dans ce cadre, ceux-ci étant présentés comme un des « chapitres » de ces ententes plus générales négociées entre le gouvernement du Québec et une ou plusieurs nations autochtones. L'un de ces modes est déjà en vigueur : il s'agit du cadre de gestion prévu au chapitre de la *Paix des Braves* et portant sur les forêts[17]. L'autre est encore à l'État de projet : il s'agit du processus de « participation réelle » décrit dans l'Entente de principe d'ordre général conclue avec les Innus de Mamuitun et de Nutashkuan et signée le 31 mars 2004 par les gouvernements du Québec et du Canada. Ces deux modèles sont assez différents l'un de l'autre.

Le *modèle institué par la Paix des Braves* s'inspire, naturellement, des mécanismes déjà mis en place en vertu de la Convention de la Baie-James et du Nord québécois, notamment dans le domaine de la protection de l'environnement. Il s'agit d'une formule de cogestion où les grandes orientations de la gestion forestière sont décrites, de façon assez détaillée, dans une entente formelle qui porte sur :

- la détermination des unités territoriales de référence,
- la détermination des unités d'aménagement forestier,
- la reconnaissance et la protection de sites d'intérêt particulier pour les Cris (25 % du territoire),
- le maintien d'un couvert forestier en territoire de trappe,
- la protection des territoires adjacents aux lacs et aux cours d'eau,
- le développement du réseau d'accès routier,

17. Entente concernant une nouvelle relation entre le gouvernement du Québec et les Cris du Québec. 7 février 2002.

• les modes de récolte du bois (coupes en mosaïque),
• la préparation des plans généraux d'aménagement forestier et des plans annuels d'intervention forestière,
• le suivi des interventions forestières et de l'évolution de la forêt, etc.

Pour surveiller la mise en œuvre de ces orientations, divers mécanismes conjoints ont été développés.

Il est évident qu'un tel modèle a un caractère relativement rigide. Toute modification des paramètres contenus dans l'entente originale nécessite un amendement et, déjà, il y a eu une nouvelle entente modifiée[18] – moins de deux ans après la signature de la première – et ce n'est sans doute pas la dernière. Cette entente concerne la partie de la forêt québécoise qui est située le plus au nord et où le nombre d'utilisateurs est le plus restreint ; de plus, ses paramètres ont été convenus entre les Cris et le Gouvernement. Aussi fait-elle l'objet de plusieurs critiques et on peut se demander si ce modèle pourrait s'appliquer dans la forêt située plus au sud, où les utilisations du milieu forestier sont beaucoup plus nombreuses et variées.

Le *modèle de « participation réelle »* prévu dans l'Entente de principe conclue avec les Innus est, quant à lui, plus flexible et tient compte de la multiplicité des intervenants sur le territoire. Il mise surtout sur un dialogue constant qui privilégie les échanges en amont, en mettant à contribution les gestionnaires de première ligne. Ce n'est qu'en cas de désaccord qu'un recours est prévu à des mécanismes conjoints et à des procédures de résolution des conflits. Toutefois, on ne connaît pas encore les modalités de fonctionnement d'un tel modèle puisque l'entente complémentaire qui les définira reste à négocier.

Malgré l'existence de nombreuses divergences entre ces deux « modèles », ils ont un point en commun : ils sont le résultat de plusieurs années de négociations et sont intégrés dans des ententes globales et officielles.

Entre la signature de la *Convention de la Baie-James* (1975) et la signature de *la Paix des Braves* (2002), il s'est écoulé 27 ans. Entre le

18. Entente modifiant l'entente concernant une nouvelle relation entre le gouvernement du Québec et les Cris du Québec.12 décembre 2003.

début plus officiel des négociations avec les Innus en 1979 et la signature des ententes formelles avec certaines communautés, prévues pour 2006, il se sera aussi écoulé plus de 25 ans. Il n'y a pas lieu de s'étonner de ces délais ; des ententes (ou des traités) qui engagent un très long avenir pour les nations autochtones et la population de l'ensemble du Québec méritent que les enjeux et les solutions soient approfondis.

Toutefois, la participation des autochtones aux mécanismes de participation recommandés par la Commission procède d'une analyse différente des enjeux en présence. Les mandats des commissions forestières régionales, des instances locales de concertation et des organismes de planification à l'échelle des unités d'aménagement forestier exigent la participation, sur une base régulière, des principaux acteurs ayant différentes préoccupations à exprimer et contributions à faire tout au long de l'élaboration des plans régionaux de développement forestier et des différents plans d'aménagement forestier.

Ces mécanismes supposent l'existence d'une volonté de travail en commun adaptée aux particularités régionales et à la situation concrète des communautés autochtones dans les régions concernées. Dans ces mécanismes, la Commission a recommandé que les autorités politiques régionales non-autochtones jouent un rôle beaucoup plus important dans la gestion forestière.

Selon la même logique, il serait nécessaire que les autorités politiques des communautés autochtones situées dans ces régions jouent le même rôle, mais de façon plus précise.

Recommandation 8.1

Que les autorités politiques des communautés autochtones localisées dans les régions forestières rencontrent les autorités politiques de ces régions afin d'harmoniser les stratégies de communication et de participation et de s'entendre sur les mécanismes prévus de concertation.

Cette harmonisation serait basée sur une analyse des stratégies de concertation des différentes instances. Elle ferait notamment appel à une compréhension du *Protocole de consultation des Premières Nations du Québec et du Labrador* préparé par l'*Institut de développement durable des Premières Nations du Québec et du Labrador*.

La Commission ne saurait trop insister sur l'importance d'une telle concertation à l'échelle régionale. Celle-ci devrait d'ailleurs être exercée sur l'ensemble du territoire forestier québécois et, à ce chapitre, elle souhaite attirer l'attention sur les préoccupations soulevées par le *Comité consultatif de l'environnement Kativik*[19].

La main-d'œuvre autochtone

La Commission estime que la disponibilité de la main-d'œuvre est un des enjeux majeurs de la politique forestière du Québec et que les autochtones ont un rôle à jouer à cet égard, lequel pourrait devenir de plus en plus important. La Commission note que l'industrie forestière

---

19. Le Comité consultatif de l'environnement Kativik (CCEK) a été créé en vertu du chapitre XXIII de la Convention de la Baie-James et du Nord québécois. Il est régi par la Loi sur la qualité de l'environnement et par la Loi sur les règlements de revendications des autochtones de la Baie-James et du Nord québécois. Il s'agit d'un organisme consultatif en matière de protection de l'environnement et du milieu social du Nunavik (portion au delà du 55e parallèle de la région Nord-du-Québec). En cette matière, il est l'intermédiaire privilégié et officiel des gouvernements du Canada et du Québec ainsi que de l'Administration Régionale Kativik (ARK) et des corporations municipales nordiques.
Au Québec, la présence des arbres et des massifs forestiers s'étendent bien au delà de la limite nord des attributions commerciales de bois déterminée par le Ministère. En effet, il existe par exemple des épinettes au nord du 55e parallèle dont le Diamètre à Hauteur de Poitrine (DHP) est de plus de 100 cm ; au 60e parallèle, on peut retrouver des mélèzes de 30 cm au DHP. Mais au-delà de ces dimensions surprenantes, ces îlots boisés forment des écosystèmes fragiles et jouent un rôle important dans le maintien de la biodiversité de ce grand territoire.
Il est possible aux Inuits du Nunavik de récolter du bois à des fins personnelles ou communautaires. Dans le cas de projets de coupe de bois à des fins commerciales sur les terres publiques, un permis doit être délivré par le ministre des Ressources Naturelles, de la Faune et des Parcs du Québec. De plus, il est indiqué dans l'article 23.5.34 de la Convention de la Baie-James et du Nord québécois que « lorsqu'il prépare un plan d'aménagement des forêts de la couronne et de l'exploitation forestière, le ministère des Terres et des Forêts (aujourd'hui le MRNFP) transmet ce projet au Comité Consultatif de l'Environnement Kativik (CCEK) pour qu'il l'étudie et le commente avant de l'approuver ».

fait présentement face à une pénurie croissante de main-d'œuvre qualifiée et que la relève se fait rare puisque les inscriptions d'étudiants dans les programmes de formation liés aux métiers du secteur forestier sont en décroissance. Par ailleurs, les Premières Nations ont indiqué dans leurs mémoires que leurs jeunes étaient fortement désireux de trouver de l'emploi dans les métiers liés à leur milieu naturel de vie, soit la forêt. N'y a-t-il pas là une convergence heureuse de circonstances propres à favoriser à la fois les besoins de l'industrie et les conditions de développement des communautés autochtones? Plusieurs des difficultés actuelles ne s'estomperaient-elles pas si les autochtones étaient davantage impliqués, à tous les niveaux, dans la gestion, l'aménagement et la préservation de la forêt?

Suite note 19.
Malgré ces balises, le CCEK a fait part à la Commission de ses inquiétudes quant au faible niveau de connaissances sur ces forêts et leur développement, sur le savoir-faire pour régénérer ces peuplements forestiers s'il y a exploitation et sur le degré d'importance que joue chacun de ces îlots dans la diversité biologique floristique et faunique de cette région. La Commission est sensible à ces préoccupations et elle invite fortement le Ministère et le CCEK à élaborer conjointement une stratégie pour améliorer les connaissances sur les ressources forestières du Nunavik. Les analyses et l'intégration de ces nouvelles connaissances permettront de prendre des décisions éclairées sur la conservation, la protection et la mise en valeur de la matière ligneuse au Nunavik. Ce chapitre est extrait du Rapport de la Commission d'Étude sur la Gestion de la Forêt Publique Québécoise déposé en décembre 2004. Les recommandations de ce rapport s'inspirent en partie des mémoires présentés par plusieurs communautés autochtones et par l'Institut de développement durable des Premières Nations du Québec et du Labrador, et notamment le texte intitulé: «Participation des Premières Nations du Québec aux travaux de la Commission d'Étude sur la Gestion de la Forêt», novembre 2004.

Recommandation 8.2

Que les programmes de formation et de création d'emplois soient élargis afin de favoriser le développement de la main-d'œuvre sylvicole autochtone.

Recommandation 8.3

Que les entreprises forestières autochtones soient invitées à participer activement aux projets de sylviculture intensive et aux projets de forêt habitée et que les conditions facilitant leur stabilité et le développement de leurs capacités de gestion et leurs compétences professionnelles soient mises en place (accréditation, responsabilité accrue dans la planification, durée de contrats de travaux d'aménagement s'échelonnant sur des périodes de 3 à 5 ans, plus grande latitude dans l'exécution des travaux, etc.).

LE PLAN D'ACTION DE WENDAKE*

« Nous, Peuples autochtones provenant de diverses parties du monde, à l'issue des travaux de ce Forum Forestier des Peuples Autochtones tenu sur le territoire huronwendat, conjointement avec le XIIe Congrès forestier mondial, en septembre 2003, dans la province de Québec, au Canada, réaffirmons les multiples déclarations faites par les Peuples autochtones depuis le Sommet de la Terre de Rio de Janeiro, au Brésil, en 1992, et demandons qu'elles soient reconnues et mises en œuvre.

Comme il a été mentionné à Kari-Oca (1992), Leticia (1996), Kimberley (2002), Cancun (2003) et Durban (2003), nous réaffirmons notre droit inhérent sur nos territoires, sur nos terres et sur nos ressources. Le véritable développement durable ne pourra se réaliser sans la pleine reconnaissance et le respect intégral des droits spécifiques des Peuples autochtones et sans la reconnaissance et le renforcement de nos systèmes de gestion intégrée des ressources naturelles. Nous réaffirmons la relation étroite entre la biodiversité et la diversité culturelle.

Nous avons élaboré ce plan d'action sur la base de nos déclarations passées. Ce plan prend aussi en compte les éléments progressifs relatifs aux autres normes, principes et propositions d'action et de travail élaborés et adoptés lors des divers forums et événements forestiers mentionnés, qui concernent entre autres nos droits sur les territoires, les terres et les ressources, notre droit à posséder et à contrôler les ressources, l'obligation de garantir notre participation significative à la gestion des forêts, la nécessité de s'assurer de notre consentement et le partage équitable des bénéfices résultant du développement et de l'usage des ressources. Il est maintenant temps d'agir. Depuis des temps immémoriaux, nous avons toujours respecté et pris soin convenablement de nos territoires, de nos terres et de nos ressources. Notre survie de même que la survie de nos

* Source : Plan d'action émis en septembre 2003 par le Forum Forestier des Peuples Autochtones tenu sur le territoire huron-wendat, au Québec, événement parallèle officiel du XII. Congrès forestier mondial.

écosystèmes naturels sont conditionnées par le fait qu'on reconnaisse et agisse efficacement dans le respect des droits spécifiques de nos peuples autochtones. Il est maintenant temps d'agir. Nous présentons ce plan d'action de Wendake et nos déclarations antérieures au XIIe Congrès forestier mondial et nous pressons les États Nations, les organisations intergouvernementales, les agences spécialisées, les institutions financières internationales et les organismes non gouvernementaux de mettre en œuvre les recommandations et les demandes qu'ils contiennent de façon prioritaire. »

Les actions les plus importantes :

Les Nations Unies et leurs organismes, les agences spécialisées, les États Nations, les organisations intergouvernementales internationales et régionales et les agences multilatérales internationales doivent reconnaître et garantir le droit à l'autodétermination des Peuples Autochtones, incluant le droit de gouvernance sur l'utilisation des ressources naturelles, et ils doivent s'assurer du maintien de l'intégrité de nos cultures et des écosystèmes en concordance avec nos visions respectives du monde.

Les Nations unies doivent encourager les États Nations à ratifier les accords internationaux et les ententes qui affirment les droits des Peuples autochtones.

Les États Nations et les organisations intergouvernementales doivent réaliser leurs obligations respectives afin de reconnaître, assumer et mettre en œuvre les accords internationaux et les traités, lesquels affirment les droits des Peuples autochtones.

Les actions nécessaires :

1. Droits des Peuples autochtones

- Les droits des Peuples autochtones doivent être incorporés dans les politiques forestières à tous les niveaux.
- Nous pressons les États Nations et les organisations intergouvernementales d'établir, avec la participation effective des Peuples

autochtones, des mécanismes pour évaluer la performance des engagements et obligations gouvernementaux et intergouvernementaux de façon à soutenir et à respecter les droits des Peuples autochtones.
• Les Nations unies, en consultation avec le Forum permanent des Nations unies sur les questions autochtones, recommandent aux États Nations d'élaborer, en concertation avec les Peuples autochtones, des mesures plus efficaces de suivi et de vérification de la participation des Peuples autochtones dans l'élaboration des politiques forestières et de gestion durable de la forêt.
• Les Nations unies, leurs agences spécialisées et les autres agences bilatérales et multilatérales internationales doivent fournir un support financier qui permette aux Peuples autochtones d'avoir accès aux services juridiques et techniques afin d'assurer la défense et la réalisation de nos droits dans nos pays respectifs.

2. Droits aux ressources

• Les États Nations effectueront la restitution et le paiement d'une compensation pour la violation passée des droits des Peuples Autochtones et pour la perte d'usage des forêts; ils devront aussi leur donner les garanties nécessaires contre toutes formes de violation future.
• Les États Nations garantiront la reconnaissance légale et la délimitation des territoires et des terres autochtones avec la pleine participation des Peuples Autochtones.
• Les États Nations développeront, avec l'entière participation des Peuples Autochtones, des mécanismes pour assurer la distribution équitable des ressources.
• Les États Nations devront reconnaître et respecter l'intangibilité des territoires des Peuples Autochtones qui vivent en isolement volontaire.

3. Consentement, capacité et participation significative

• Les États Nations doivent prendre des mesures transparentes pour garantir que le consentement libre, préalable, entier et informé des Peuples Autochtones ait été obtenu avant la mise en œuvre de toutes activités ou décisions qui peuvent affecter leurs territoires et leurs droits traditionnels.

• Les États Nations œuvreront avec les communautés autochtones à l'élaboration de mécanismes garantissant la pleine participation des Peuples autochtones dans le processus de formulation des politiques publiques sur la gestion, la protection et le développement des terres et des forêts.

• Les institutions appropriées telles que les Nations unies, les États Nations et les organisations multilatérales internationales œuvreront avec les Peuples autochtones à développer des mécanismes légaux et institutionnels qui renforceront nos propres modèles communautaires de gestion intégrée de la forêt.

• Les Nations Unies, les États Nations, les organisations multilatérales internationales et les membres du «Collaborative Partnership on Forest» (CPF) procureront le financement nécessaire pour soutenir les initiatives des Peuples autochtones aux fins de développement de leur capacité de gérer les forêts en concordance avec leurs propres traditions et priorités.

4. Savoir écologique relatif à la forêt et droits culturels

• Les Nations Unies, de concert avec le Forum Permanent des Nations unies sur les Questions Autochtones et les agences intergouvernementales, recommanderont aux États Nations l'élaboration d'un cadre de promotion et de protection du savoir traditionnel, incluant le savoir traditionnel relatif à la forêt.

• En concertation avec les Peuples autochtones, les États Nations élaboreront une législation qui reconnaîtra et facilitera la protection et l'utilisation du savoir traditionnel des Peuples autochtones en matière de gestion, de conservation et de développement en forêt.

5. Instruments économiques et accords commerciaux

• Les États Nations, l'Organisation Mondiale du Commerce, le Fonds Monétaire International et la Banque Mondiale, en concertation avec les Peuples autochtones, doivent réviser et évaluer tout instrument ou politique commercial existant ou nouveau pour déterminer l'étendue de la violation de nos droits et la menace sur nos modes de vie.

• Les États Nations et les organisations multilatérales internationales doivent abandonner tout instrument ou politique économique et commercial existant ou à venir qui viole ou qui tend à violer nos droits.
• Les Nations unies, les États Nations et les organisations multilatérales développeront, avec les Peuples autochtones, des mécanismes pour compenser les cffets des engagements environnementaux des gouvernements sur les Peuples autochtones, leurs contraintes et leurs obligations.
• Les Nations unies, les États Nations et les organisations multilatérales internationales fourniront les ressources et les mécanismes appropriés pour soutenir nos efforts de participation pleine et entière aux discussions concernant les enjeux du commerce international qui nous affectent.

6. Investissements en capital et transfert de technologies

• Les États Nations et les organisations multilatérales internationales mettront en œuvre des programmes de développement qui donneront aux Peuples autochtones l'accès aux ressources technologiques et financières nécessaires pour faciliter leur renforcement de nos systèmes locaux de gestion forestière.

Conclusion

Les États Nations doivent cesser de prélever les ressources de nos territoires et de nos terres et doivent cesser d'utiliser nos enjeux pour faire valoir leurs objectifs nationaux dans l'arène internationale sans s'être assurés d'avoir réalisé leurs propres engagements chez eux.

Nous pressons les États Nations, les organisations intergouvernementales, les Nations unies, l'Organisation des États Américains, l'Union européenne, les agences spécialisées telles que l'UNESCO, le FAO, l'OMPI, l'OMC et les agences financières comme la Banque de Développement Interaméricaine, la Banque mondiale, parmi d'autres entités internationales, d'adopter ces actions comme faisant partie de leurs politiques et programmes afin de satisfaire aux demandes des Peuples autochtones.

De l'espace au territoire ? Sojaculture, environnement et mouvements indigènes en Amazonie brésilienne*

Par François-Michel Le Tourneau,
Neli Aparecida de Mello
Richard Pasquis

Dès sa découverte par les Européens, l'Amazonie peut être considérée comme une région mondialisée : son nom est une importation d'un mythe grec, ses « Indiens » ne sont désignés ainsi que par confusion avec un autre lieu et ses produits exotiques ont été exportés vers des lieux de consommation lointains plutôt que vers le reste du Brésil. Le degré de « mondialité » de l'Amazonie a varié : parfois élevé, comme lors du boom du caoutchouc, parfois plus modeste. Pour autant, la région amazonienne a toujours conservé un attrait économique, scientifique et mythique particulier.

Cette insertion de l'Amazonie dans la conscience et l'économie occidentales – que nous appellerons ici « mondialisation » – a enregistré un regain de vigueur dans les dernières décennies. D'une part, la diffusion effective dans le débat géopolitique mondial des notions de droits de l'homme et d'écologie ont poussé à la considérer comme un grand sanctuaire de la nature et des populations traditionnelles. D'autre part, l'ouverture économique des années 1990 a intensifié les flux provenant d'Amazonie ; ceux-ci ne comprennent plus seulement les richesses naturelles (bois, minerais ou gommes) mais également des produits agricoles comme la viande bovine et surtout le soja. Par ailleurs, plus que dans les périodes historiques précédentes, l'attention mondiale portée à l'Amazonie doit compter avec les efforts déployés par le gouvernement fédéral brésilien pour l'« intégrer » et y promouvoir un développement qui s'articule avec les besoins du reste du pays.

---

* Source : *La mondialisation côté Sud, Acteurs et territoires*, IRD Éditions

Le résultat de ces mouvements récents est une lutte menée par chacun des acteurs [ONG brésiliennes ou internationales, États étrangers, gouvernement brésilien, acteurs économiques (Pasquis *et al.*, 2003)]. Alliances et intérêts varient, mais on peut identifier un enjeu commun : l'espace. La stratégie de ces acteurs consiste à faire passer les plus grandes étendues possibles de terre dans la catégorie qu'ils cherchent à défendre (espace productif, unités de conservation, terres indigènes), sachant qu'une fois l'espace caractérisé, tout changement est très difficile. Ainsi, en avant de la frontière agricole souvent décrite, existe une autre frontière, foncière et géopolitique, sur laquelle l'influence de la mondialisation est manifeste.

Cette compétition pour l'espace, qui met en jeu des acteurs multiples opérant à différentes échelles, avec des fonctionnements de voisinage et en réseau, n'implique par automatiquement la formation de territoires. Nous montrerons dans un premier temps que l'avancée de l'espace productif, autour de la sojaculture n'enclenche pas une dynamique de construction territoriale et aboutit plutôt à la dilapidation des ressources. Dans un deuxième temps, nous soulignerons combien l'État et les autres institutions, engagés dans la protection de l'environnement, mais toujours sous l'influence des acteurs économiques, peinent à créer une conscience collective, gage de la pérennité du territoire. Il n'est finalement que les mouvements indigènes, largement mondialisés, pour construire des entités spatiales présentant une certaine cohésion. Leur pouvoir reste cependant local, délimité qu'il est par le bornage des « Terres indigènes », et sans espoir de généralisation à l'ensemble de l'Amazonie.

L'espaces du soja mondialisé

Au cours de la dernière décennie, afin de faciliter l'occupation économique de l'Amazonie, une stratégie libérale fut appliquée, se traduisant par l'annexion de nouveaux territoires à l'espace production, au prix d'une déforestation moyenne annuelle de 17 000 km² (Pasquis *et al.*, 2001). Deux dynamiques se distinguent particulièrement dans ce mouvement : la colonisation agricole et l'expansion de la culture du soja.

« Réforme agraire » et colonisation : la conquête de l'espace

Pour « donner aux hommes sans terres, des terres sans hommes » et à la fois « intégrer pour ne pas livrer (à la convoitise des grandes puissances)[1] », dès le début des années 1950 et au cours des décennies suivantes, les pouvoirs publics ont favorisé la création d'immenses enclaves aux mains d'entreprises privées, de pôles régionaux de développement et mobilisé la main-d'œuvre excédentaire du Nordeste et du Sud brésilien (Becker, 1998). Contrairement à d'autres pays latino-américains et malgré une loi de réforme agraire inscrite dans la Constitution de 1946 et réaffirmée dans celle de 1988, le Brésil a choisi de privilégier la colonisation de terres amazoniennes libres afin d'éviter de toucher aux grandes propriétés (Fernande, 1998). On arrive ainsi en ce début de troisième millénaire au paradoxe suivant : au Brésil, la colonisation favorise la concentration foncière en Amazonie et, en attirant la main-d'œuvre excédentaire d'autres États, empêche tout réforme agraire véritable dans les régions de départ (Weiss et Pasquis, 2003). En outre, son rôle dans l'intégration économique de cet espace la lie à la mondialisation.

L'échec à peu près généralisé des projets de colonisation agricole, qui se reflète notamment par un taux d'abandon très élevé chez les nouveaux arrivants [28,7 % en moyenne, mais jusqu'à 60 % dans le PARA (FAO/INCRA, 1998)], montre que le but recherché était moins leur réussite que leur capacité à ouvrir de nouveaux espaces, ensuite livrés aux grandes exploitations et à l'agro-industrie. Souvent implantés sur des surfaces trop exiguës, avec un manque chronique de services, d'assistance techniques et d'accès au marché, les colons se retrouvent dans l'impossibilité de rentabiliser leurs activités productives ; cela est d'autant plus vrai que la mondialisation sélectionne les exploitations les plus compétitives. Ils vendent, à un prix dérisoire, leur lopin de terre, parfois au voisin plus fortuné, souvent au grand éleveur, qui agrandit ainsi son domaine. Les colons ayant échoué une première fois décident de s'enfoncer en forêt pour débroussailler de nouvelles parcelles ou de se diriger vers les quartiers marginaux des

1. Mots d'ordre utilisés à l'époque pour justifier l'occupation de l'Amazonie.

villes. Ainsi, ces projets supposés être de réforme agraire ouvrent l'espace et préparent le territoire pour les grandes spéculations qu'exige le marché mondial. La relation entre la distribution de terres et la mondialisation économique devient évidente au cours des deux mandats du président Cardoso (1995-1998 et 1999-2002) : champion de l'ouverture du pays, il est aussi celui qui créa le plus de périmètres agraires de toute l'histoire de la colonisation amazonienne dépassant même au cours de sa première période son objectif de 280 000 familles bénéficiaires. Réalisés dans l'urgence et sans réunir les conditions minimales de leur durabilité, les projets de « réforme agraire » sont vite devenus la principale cause de la dégradation environnementale et de la déforestation accélérée de la région (Fearnside, 2001), passant outre une législation de protection de l'environnement qui était en place depuis longtemps[2].

Il en résulte que la plupart des projets ne reçoivent pas la certification environnementale préalable exigée par le Conseil national de l'environnement (Conama) qui, de toute façon, interdit l'établissement de périmètres agraires dans les aires forestières. Cette situation a rapidement ému la communauté internationale qui met à l'index la politique brésilienne de colonisation mais avec peu de répercussions, l'Incra devant avant tout fournir des résultats quantitatifs (MDA-INCRA, 2000). Ce n'est qu'à la fin du gouvernement Cardoso que ces préoccupations commencent à porter leurs fruits, avec la création de projets durables ou agro-forestiers, celle de Conseils de développement durable pour les lotissements et des efforts importants pour accélérer et renforcer les processus de certification environnementale. Le gouvernement de Lula a, quant à lui, créé très peu de nouveaux lotissements, contrairement aux promesses électorales, paraissant vouloir satisfaire à la fois le FMI, inquiet de leur coût, et les environnementalistes, déjà très mécontents des premiers résultats de sa gestion.

2. Dès 1976, la Surintendance à l'Amazonie (Sudam) interdit tout financement qui entrainerait le déclassement de terres forestières ; le code oblige par ailleurs les propriétaires à constituer une réserve forestière de 50 puis 80 % de la surface des exploitations situées en Amazonie.

La progression spatiale du soja : une stratégie économique

La croissance des espaces amazoniens consacrés aux grandes cultures, en particulier le soja, est fortement associée à la mondialisation de l'économie et plus particulièrement à la demande mondiale de denrées de base (Bertrand *et al.*, 2004). Face aux impératifs du commerce global et afin de lutter contre la concurrence des grands pays producteurs, le complexe brésilien du soja réduit ses coûts de production, augmente ses rendements et externalise ses coûts environnementaux (Galinkin, 2002), toutes mesures permises par la conquête de nouvelles terres en Amazonie. Ainsi, la région amazonienne est progressivement entraînée dans un processus qui dépasse les frontières (Cadier, 2004), avec la mise en place d'un contexte commercial lié au marché mondial des matières premières. Contrairement à la « réforme agraire », ce phénomène n'est pas le simple fait des politiques publiques. Même si ces dernières ont facilité l'expansion de la frontière agricole et continuent à accompagner ce processus, les principaux acteurs sont maintenant privés et souvent multinationaux (Pasquis, 2004)[3]. Du fait des caractéristiques de la région, de moyennes et grandes propriétés agricoles produisent le soja en monoculture ou en rotation avec d'autres « grains » (céréales comme le riz, le maïs, le sorgho[4], etc.). En contact, en amont, avec l'industrie des intrants et, en aval, avec les courtiers, traders[5], coopératives et industries de trituration, pour vendre sa production, le producteur de soja ou « sojaculteur » peut être considéré comme l'acteur clé de la filière.

Il migre très facilement à la recherche de nouvelles étendues de terres bon marché, qui lui permettent de réduire ses coûts de production et d'augmenter sa marge. L'intérêt des grandes surfaces d'un seul bloc repose sur la dilution des coûts fixes qui permet de sensibles économies d'échelle. Que ce soit par la fuite vers le nord ou la concentration

3. Bien qu'il s'agisse de terres situées en Amazonie, la plupart d'entre elles se trouvent dans des écosystèmes de savanes arborées (cerrados) et non de forêt dense. La tendance actuelle montre une progression vers les zones de forêt.
4. Le choix entre les différentes spéculations se fait aussi en fonction du prix. Les analystes prévoient par exemple que le riz sera probablement intéressant lors des prochaines campagnes.
5. Négociants de niveau international.

foncière, tous les efforts des producteurs tendent à cela (Gasques *et al.*, 2004). En outre, malgré le coût de préparation de nouvelles terres, notamment quand elles sont couvertes de forêt, il existe une énorme différence de prix entre le foncier des États du Nord et ceux du Sud (tableau 1). Selon certains interlocuteurs, avec le prix obtenu pour des propriétés dans le sud du pays, il est possible d'en acheter dix fois plus au nord (Rezende, 2002)[6]. Mais c'est la valorisation après défrichement et mise en culture qui est spectaculaire : à Sorriso, dans le Mato Grosso, on estime qu'avant l'arrivée du soja l'hectare de terre valait 800 R$[7] et qu'il en vaut désormais 15 000 (multiplication par plus de 18 !) (Costa, 2000). Il y a donc une stratégie patrimoniale consistant à acheter et à mettre en valeur des terres (notamment grâce au développement des infrastructures), puis éventuellement à les revendre : le foncier est encore un très sûr moyen d'enrichissement et même le principal pour certains producteurs. Ces processus sont très rapides. Le développement fulgurant de l'agriculture à Sinop (Mato Grosso) s'est réalisé sur une durée de seulement quatre années. Le choix du soja s'explique aussi par la rapidité du retour sur investissement : cinq ans contre vingt pour l'élevage. C'est ainsi que de nombreuses régions « basculent » dans cette production, comme à Querência (Mato Grosso).

Du côté de la commercialisation, la volonté des *traders* de contrôler la production brésilienne s'explique par son importance : Brésil, Argentine et États-Unis représentent en effet 82 % du soja produit dans le monde. La localisation dans le cône du Sud des deux premiers pays est avantageuse car elle assure sur l'année une permanence de l'approvisionnement, les récoltes s'effectuant, aux États-Unis, entre septembre et décembre et, dans le cône Sud, entre février et juin. Il en est de même pour les acteurs intervenant sur le marché du tourteau. Cette domination permet de faire d'importants gains d'échelle (De Castro *et al.*, 2002). Comme les « sojaculteurs », les *traders* agissent sur l'espace selon leurs moyens, leurs intérêts et leurs stratégies (Roessing, 2002). Cela peut aboutir à une spécialisation, voire même à une spéciation[8],

6. En moyenne, cependant, entre le Nord et le Sud (Parana, Rio Grande do Su) le rapport est du simple au double.

7. le Real (R$) est la monnaie brésilienne.

8. La spéciation désigne l'apparition d'une espèce et, plus particulièrement en géographie, l'apparition d'un système spatial original (BRUNET et al., 1992).

comme dans le cas du cerrado qui a rejoint l'espace agricole avec l'apparition d'un nouveau système de production. La progression géographique de la filière en Amazonie légale se réalise en suivant les traces de la culture du soja qui, elle-même, traque les terres bon marché. Les industries de trituration suivent la progression de la production su soja vers le nord en même temps qu'elles contribuent à la renforcer et à la structurer (Bertrand et al., 2001). Leur localisation est décidée à partie de leurs stratégies commerciales, élaborées en fonction de la meilleure rentabilité des investissements, de l'amélioration de l'accès à la matière première ou au marché interne ou externe et de la logistique de transport. Les industries ont deux possibilités pour s'installer soit près des centres de production de matière première, soit à proximité des ports d'exportation. Les entreprises au départ, ont préféré à la première solution.

En 1997, encore près de 95 % de la capacité de transformation de l'Amazonie légale étaient installés dans le Mato Grosso et à peine 5 % sur le littoral, près de Sao Luiz dans le Maranhao. Ensuite, au cours des dernières années, sont apparues de nouvelles installations portuaires, sur les rives des grands fleuves amazoniens qui drainent la production du nord ou de l'ouest du Mao Grosso. En effet une des principales solutions pour diminuer les coûts de transport[9] est l'implantation de corridors multimodaux, afin de diminuer la prédominance du transport routier sur le ferroviaire ou sur le fluvial. Devenus opérationnels, ces corridors devraient permettre d'améliorer la compétitivité internationale de l'Amazonie. Certains coûts pourraient être ainsi diminués de l'ordre de 30 à 40 %. Auparavant, la conquête de nouvelles terres lointaines ne faisait qu'accroître la nécessité d'implanter de nouvelles infrastructures, notamment des routes. Cependant, avec l'arrivée du front du soja au nord du Mato Grosso, la situation s'inverse. Chaque kilomètre gagné vers le nord rapproche la production de son point d'embarquement sur l'Amazone, à Santarem. Certains n'attendent d'ailleurs pas le revêtement de la BR 163 et se sont directement installés dans cette région, au bord de l'Amazone et même de l'autre côté du fleuve (Alenquer).

9. L'évacuation de la production par camions jusqu'aux ports donne un différentiel de 1 à 10 entre les États-Unis et le Brésil sur les coûts de transport.

La progression du soja est l'un des principaux facteurs de transformation de l'Amazonie. Elle provoque des changements d'usage sur de vastes surfaces. Les puissants acteurs économiques qui la portent, des sojaculteurs aux *traders*, constituent une population mouvante, peu concernée par la dimension locale et son avenir. Quant aux sans-terres venus avec la colonisation agricole, ils sont obligés de se déplacer sans cesse, sous la pression des premiers. Ces espaces ne sont donc qu'à la marge le lieu de création de territoires. Face à cette incapacité des acteurs à fixer eux-mêmes les limites supportables de leur activité pour l'environnement, c'est logiquement en déterminant des périmètres de protection que l'État intervient, avec un succès relatif.

Périmètres de protection de l'État : en quête de territorialité

Au regard de l'ampleur de l'espace amazonien et de la complexité de ses écosystèmes, durant les années 1980, un consensus mondial s'est dégagé en réaction aux processus économiques et à leurs effets environnementaux. Ce mouvement s'est rapidement transformé en pression sur le gouvernement brésilien pour qu'il fasse des efforts en vue de préserver une partie significative de la région. Vingt ans plus tard, alors que le Brésil a créé des unités de conservation sur de très grandes surfaces, il est possible de dresser un bilan des outils territoriaux de la politique environnementale brésilienne.

La conservation : une stratégie territoriale

Depuis la période impériale (1822-1889), d'innombrables unités de conservation ont été créées dans tout le territoire brésilien, mais la plupart ont été définies après la fin du régime militaire, notamment entre 1988 et 2002, période incluant l'entrée en vigueur de la Constitution de 1988, la préparation et la tenue des conférences de Rio et Johannesburg, et qui fait figure d'apogée de la thématique environnementale. En particulier, la notion de « patrimoine environnemental » a été reconnue et est devenue la base de la politique menée dans ce domaine. Cette nouvelle approche peut être considérée comme un changement culturel important, ouvrant la voie à une définition de l'utilisation durable de ce patrimoine. La stratégie menée par le Brésil depuis les années 1980 repose sur trois axes : l'éducation des populations, les contrôles des activités polluantes ou prédatrices et l'établissement d'un système d'unités de conservation. Récemment, le processus de démocratisation du pays a permis unc meilleure participation de la société.

L'aspect territorial de cette stratégie a jusqu'ici été privilégié, sans doute en raison de sa visibilité. Quelques aires, sélectionnées dans des écosystèmes caractéristiques, sont choisies pour établir des réserves dont la gestion est réglementée par des mécanismes légaux, via le Système National d'Unités de Conservation (SNUC)[10]. Celui-ci crée deux types d'aires : celles qui sont intégralement protégées et celles qui sont susceptibles d'une utilisation durable. Néanmoins, malgré leurs superficies souvent importantes, les aires protégées ne sont parfois que des îlots cernés par de grandes exploitations agricoles, ce qui réduit sensiblement leur capacité de protection. Pour diminuer ce risque, le Brésil s'est tourné vers le concept de couloir écologique, mieux à même de permettre le flux des gènes, la mobilité de la faune et la capacité de rénovation des écosystèmes. Ces couloirs sont formés à partir de l'interconnexion de différents types d'Unités de conservation et sont devenus une priorité politique.

Système national et influence des normes mondiales

L'histoire de la protection de l'environnement au Brésil est plus ancienne que la création du SNUC : depuis les années 1930 et jusqu'en 1981, le règlement et le contrôle des espaces protégés étaient des obligations de l'État central et des États fédérés. Ce système prévoyait seulement la gestion publique de ces unités et leur utilisation directe ou indirecte. En 1981, la loi 6938 a renforcé ces mécanismes. Cette vision a dominé jusqu'au milieu des années 1990, quand de nouveaux types d'unités ont été créés et ont permis de nouvelles expériences de gestion.

10. Parmi les concepts utilisés pour la protection, « Conservation de la nature » est le plus englobant : il inclut l'utilisation humaine des ressources selon des pratiques de bonne gestion.

Approuvée en 2000, la nouvelle loi a ajusté les catégories à la terminologie utilisée dans le monde, en créant des « unités durables » intégrant la présence humaine et prenant en compte l'exploitation durable des ressources existantes.

Néanmoins, les anciennes typologies subsistent dans plusieurs régions et peuvent être considérées comme un moyen d'éviter les restrictions imposées par la loi. La présence de population à l'intérieur des aires protégées a toujours été un des points principaux du débat : elle fait apparaître des divergences théoriques entre les environnementalistes « purs » et les néo-environnementalistes, qui défendent des visions différentes des populations « traditionnelles » et du contrôle d'État sur les espaces protégés. Dans la loi actuelle, le déplacement des habitants des unités de conservation est prévu, moyennant leur accord et leur indemnisation.

Des ressources budgétaires ont été destinées à l'entretien, au suivi et à la surveillance des unités de conservation et, depuis 1989, des fonds internationaux de diverses origines – prêts ou donations – ont été affectés à la consolidation du SNUC. Dans les années 1990, plusieurs prêts ont été sollicités par le gouvernement central (PNMA[11], FNMA[12], Pronabio[13], Proecotur[14], etc.) ou par les gouvernements des États fédérés (Prodeagro, Planafloro, etc.). Leur rôle a été déterminant dans l'élargissement des espaces protégés. Les programmes précédents concernaient tout le territoire national, mais le PPG-7[15], qui a consisté à coordonner des donations internationales pour les concentrer sur la protection des forêts tropicales, a réservé environ 90 % de ses ressources à l'Amazonie. Les résultats de ces efforts sont déjà visibles au sein du SNUC : de nouvelles aires ont été déclarées protégées et d'autres ont été délimitées ; on a pu construire des centres d'accueil ou

11. Programme national pour l'environnement. US$ 189 milliards. BIRD/KFW, partenariat entre la Banque interaméricaine de reconstruction et développement (groupe Banque mondiale) et le groupe bancaire allemand KFW.
12. Fonds national de l'environnement. US$ 30 milliards. BID.
13. Programme national pour la conservation de la biodiversité. US$ 40 milliards. GEF-MMA.
14. Programme pour le développement du tourisme écologique. US$ 210 milliards. BIRD.
15. Programme pilote pour la protection de la forêt tropicale du Brésil. US$ 250 milliards. BIRD/EU/KFW.

élaborer des plans de gestion, étapes préliminaires indispensables pour un développement durable.

Plus récemment a débuté le programme des Aires protégées de l'Amazonie (Arpa), mené lui aussi avec des fonds internationaux (GEF, BIRD, KFW, WWF) et brésiliens, dirigé par le FUNBIO[16] et destiné à protéger tout d'abord 10 % puis 12 % (500 000 kilomètres carrés) de la forêt tropicale demeurant en 2000. Bien qu'il ait débuté en 1998, en partenariat avec le WWF, il n'a formellement été approuvé qu'en 2002. Sa mise en œuvre inclut la création d'aires de protection intégrale, l'utilisation durable de nouveaux secteurs et la consolidation de quelques unités existantes. Le projet doit être exécuté en dix ans, jusqu'en 2012, avec trois phases distinctes et des ressources de l'ordre de 400 millions de dollars. La création du parc national des montagnes du Tumucumaque (Amapá) et du parc national Serra da Cotia (Rondõnia) a fait partie de ses actions. Son grand défi est la participation des communautés et des organisations locales et régionales à la gestion des aires protégées, comme dans le cas des expériences de consultation publique de la réserve Cazumbá-Iracema (Acre) et du parc de Chandless (Acre). Un Fonds fiduciaire spécifique a été constitué pour le maintien des aires protégées nouvellement déclarées. Si, au début des années 2000, on a pu observer une réduction des offres de coopération financière internationale, celle-ci n'a pas été encore ressentie en Amazonie car plusieurs programmes dont les négociations ont débuté dans les années 1990 tardent à être mis en œuvre. Sur l'ensemble du pays, le volume total du portefeuille de projets négociés est estimé à près de 600 millions de dollars.

Les failles de la protection

Un des problèmes qui se posent est d'ordre foncier. Il est lié à plusieurs facteurs : la démarcation imprécise des terres possédées par l'État central, l'absence de surveillance de la part de ses administrations (FUNAI, INCRA, DNER, IBAMA, etc.) ou des institutions des États fédérés. Dans un effort pour surmonter sa faible capacité d'action, l'État fédéral a recherché la constitution de

16. Fonds national pour la biodiversité.

partenariats avec le secteur privé et le secteur non gouvernemental pour augmenter l'efficacité de la surveillance et du maintien de l'intégrité des écosystèmes protégés. Il a créé la catégorie de « réserves privées » (RPPN) pour tenter d'augmenter la surface des zones protégées, sans avoir à en supporter les conséquences budgétaires. Bien que ce genre de difficultés ne soit pas spécifique à l'Amazonie, elles sont plus aiguës sur la frontière agricole et dans les régions les moins peuplées. Une des spécificités amazoniennes est la superposition conflictuelle entre unités de conservation et terres indigènes, ce qui souligne les déficiences de l'État, car les deux catégories sont établies sur des terres publiques (Albert et Le Tourneau, 2004).

L'implantation d'infrastructures routières et énergétiques est un autre des grands problèmes auxquels se heurte la protection environnementale. Ainsi, récemment, le projet d'asphaltage de la route BR 163 a souligné les contradictions inhérentes à l'action du gouvernement fédéral en Amazonie : motivée par des facteurs économiques[17], l'amélioration de cette route va permettre l'avancée de la frontière agricole – et de ses squatters – dans une région essentiellement occupée par des unités de conservation et des terres indigènes et considérée comme prioritaire pour la conservation de la biodiversité (MMA, 2001).

Ces équipements constituent une cause de conflits à la fois dans les aires protégées par le SNUC et dans les aires de protection permanente, définies par le Code forestier ou incluses dans les réserves légales. Ils entraînent l'intensification du déboisement et le remplacement de la végétation naturelle par des pâturages ou des productions agricoles. Les effets sont particulièrement importants dans les secteurs de haute priorité pour la création de zones tampons ou d'unités de conservation que sont les régions des fleuves Teles Pires et Jamanxim, les forêts nationales Itaituba I et II ou le parc national de l'Amazonie (MMA, 2001).

Un des plus grands problèmes d'utilisation et d'occupation du sol amazonien est le taux croissant de déboisement lié à l'élevage bovin, à l'augmentation de la production du soja et à l'exploitation forestière. Chaque année, rituellement, la divulgation de ce chiffre amène le

17. L'écoulement de la production de soja, *cf. supra*.

gouvernement à promettre des actions de surveillance et la création de nouveaux secteurs de conservation. Les cinq dernières années, le ministère de l'Environnement a présenté un projet de surveillance intégrée, comprenant des actions appuyées par les ministères de la Défense, du Travail et de la Justice, incorporant des actions environnementales, agricoles, fiscales et routières de surveillance et la création de vingt-six commissariats de police spécialisés dans les crimes environnementaux[18]. Ont encore été annoncées les créations de 53 000 kilomètres carrés d'aires protégées d'utilisation durable et de 81 000 kilomètres carrés d'aires de protection intégrale. Néanmoins, ces mesures globales ne répondent pas au problème de l'Amazonie brésilienne. Ainsi, l'État du Mato Grosso, champion du déboisement et acteur majeur de la production mondiale de soja, est celui dans lequel la proportion de terres occupées par des aires protégées est la plus faible, malgré de lourds investissements dans des études de zonage économique et écologique – parfois financés par des bailleurs de fonds internationaux.

La majorité des unités de conservation existantes en Amazonie fait l'objet d'intrusions, d'exploitation forestière illégale et de confusions foncières. Au-delà de ces problèmes se pose la question de la viabilité du système de conservation. D'une part, le total des aires protégées, dans chaque écosystème, est insuffisant pour la conservation de la biodiversité (minimum de 10 % de protection intégrale par écosystème). D'autre part, les aires protégées déjà établies n'ont pas atteint complètement les objectifs qui ont motivé leur création, car les actions se restreignent à la démarcation, à la déclaration de propriété publique et à une surveillance précaire, démontrant l'absence de l'État dans l'exercice de ses droits et devoirs.

Ainsi, l'État brésilien est l'agent du transfert de normes et de préoccupations internationales de protection de l'environnement sur son propre territoire, sans pour autant garantir la durabilité des unités de conservation. Cette ambiguïté est renforcée par le jeu entre État fédéral et États fédérés, comme dans le cas du Mato Grosso, qui fait apparaître de nouvelles contradictions. Les territoires en émergence que sont les unités de conservation en restent donc à une existence théorique. Les limites en sont définies sur le papier mais ne sont pas

18. La loi brésilienne qualifie de crimes les atteintes à l'environnement.

respectées, faute d'acteurs qui soient réellement impliqués dans leur développement. Ces «territoires sans hommes», protégés par des institutions dont l'échelle de fonctionnement est englobante, n'ont qu'une faible consistance. N'est-ce pas du côté des terres indigènes que peuvent se créer des territoires plus cohérents, en dépit – ou à cause? – des liens croissants de leurs habitants avec le système-monde?

Terres indigènes dans la mondialisation: de véritables territoires

La reconnaissance légale des droits territoriaux des peuples indigènes de l'Amazonie brésilienne a progressé de manière spectaculaire durant les années 1990. Aujourd'hui, environ 25% de l'Amazonie brésilienne – soit plus de 1,2 million de kilomètres carrés – sont classés comme «Terres indigènes». Cette nouvelle situation est aussi bien la conséquence des luttes contre la dictature militaire que celle des pressions internationales en faveur des peuples indigènes, lesquelles sont l'une des figures observables de la mondialisation en Amazonie.

Les Indiens d'Amazonie, acteurs mondialisés

Les populations indigènes d'Amazonie ont vécu plusieurs épisodes successifs d'échanges physiques et intellectuels avec d'autres populations distinctes et sans lien avec elles. La première période remonte à leur incorporation, dès la découverte de l'Amérique, à l'imaginaire exotique occidental. De fait, l'«Indien» devient une figure emblématique, à même de susciter l'intérêt dès qu'elle apparaît dans des chroniques, qu'il s'agisse de celle des explorateurs du XVIe siècle (Léry, Anchietta), des naturalistes des XVIIIe-XIXe siècles (La Condamine, Humboldt...) ou des anthropologues du XXe siècle (Lévi-Strauss, Clastres, Lizot...). La fascination est renforcée par celle qu'exerce la forêt amazonienne, si bien que les deux phénomènes deviennent rapidement indissociables. Cette image de l'Indien est cependant déconnectée de la vie réelle des groupes amérindiens, qui souffrent des nouveaux échanges économiques associés à la colonisation, dans la mesure où tous reposent sur l'exploitation de leur travail.

Dans les années 1970, une nouvelle ère commence lorsque les programmes du gouvernement brésilien entraînent la destruction d'immenses étendues de forêt amazonienne et mettent en danger la survie d'un grand nombre d'ethnies. Appuyées sur l'audience grandissante des luttes pour les droits de l'homme, de nouvelles organisations apparaissent, comme Survival International, et font des Indiens d'Amazonie l'emblème de la lutte pour le droit des populations traditionnelles à survivre. Rapidement, ces mouvements s'allient avec les premiers écologistes qui s'inquiètent aussi du sort de l'Amazonie (Albert, 1997).

Durant les années 1990, en même temps que de très importantes superficies sont concédées aux populations indigènes par le gouvernement brésilien, on note un passage de la mondialisation de la figure de l'Indien à la mondialisation de l'Indien lui-même. Insérés dans un tissu d'ONG dont les financements proviennent souvent d'Europe ou des États-Unis, de nombreux leaders indigènes mais aussi de jeunes stagiaires voyagent dans les pays donateurs pour collecter des fonds ou se former à certaines techniques (vidéo, son...). Dans ce cas-ci, le paradoxe de la mondialisation est total : les Indiens d'Amazonie sont en contact avec les nations occidentales – infiniment plus que les populations rurales qui les entourent – justement parce que ceux-là représentent pour celles-ci les derniers vestiges de civilisations isolées. Si les effets sociaux de ce mouvement sont encore à étudier, ses conséquences politiques sur la création de « terres indigènes » sont tout à fait nettes.

La multiplication des Terres indigènes en Amazonie brésilienne depuis 1988

La notion d'espace réservé pour les populations indigènes émerge au Brésil au XIXe siècle, mais ne prend véritablement de l'ampleur qu'avec l'action du maréchal Rondon et la création du Service de protections des Indiens (SPI). Malheureusement, malgré sa dénomination, il est clair que le SPI agit « main dans la main » avec les grands propriétaires, spolie les Indiens et délimite des réserves trop exiguës. En 1967, la dictature militaire décide de remplacer l'organisme par une nouvelle agence, la Fondation nationale de l'Indien

(FUNAI). En 1973, il promulgue le statut de l'Indien par lequel, si la tutelle de l'État est maintenue sur la population indigène, les droits territoriaux sont mieux définis et plus amples. Pour autant, et malgré l'importance de l'image de l'Indien dans le discours sur la formation du Brésil, le gouvernement continue à créer des Terres indigènes de petite taille. Ce processus renforce une opposition de plus en plus forte, la question indigène étant l'une des rares sur laquelle il est alors possible de manifester ouvertement son opposition à la dictature (RAMOS, 1998). Un fort mouvement « indigéniste » se structure donc, sa puissance culminant lors de l'élaboration de la Constitution de 1988. Utilisant subtilement les médias et l'image des Indiens venus à Brasília pour accompagner les débats, il obtient une avancée juridique majeure, à savoir la reconnaissance de la notion de Terre indigène par la Constitution (article 231). Sur le terrain, le changement ne se manifeste pas immédiatement, le gouvernement Sarney appliquant en Amazonie une politique dictée par les militaires (le programme Calha Norte) dont les déterminants et les actions sont dans la lignée des gouvernements militaires passés[19].

À partir de 1990, l'action de groupes de pression extérieurs au Brésil peut s'appuyer sur les avancées juridiques obtenues par le mouvement indigéniste brésilien. Sans qu'il soit complètement possible de déterminer la part de l'un et de l'autre, la rencontre de ces deux facteurs et les grandes préoccupations liées à la question écologique et à la déforestation amazonienne forcent le gouvernement fédéral à changer d'attitude : en 1990, il accepte de délimiter une vaste terre indigène pour les Kayapos[20] et met fin à la ruée vers l'or en cours dans le territoire yanomami, lequel sera formellement reconnu en 1992 et constituera la « carte de visite du Brésil » pour la conférence Eco-92, à Rio. Comme le montre le tableau 2, les homologations de terres[21] seront particulièrement importantes durant le gouvernement Collor, tout particulièrement entre 1990 et 1992, dans le cadre de la campagne menée par le Brésil pour restaurer son image sur le plan international.

---

19. Il s'agit notamment d'éviter la formation des grands ensembles de terres indigènes.
20. À la suite d'une grande campagne médiatique dans laquelle le chanteur Sting a eu une influence prépondérante.
21. L'homologation est la signature par le président de la République du décret de création d'une terre indigène.

Ainsi donc, malgré les intérêts contradictoires en jeu, le Brésil se trouvait dans une conjoncture politique propice à la concession de vastes étendues de terres aux populations indigènes. Pour autant, le contexte économique, peu favorable, rendait difficile la satisfaction de toutes les demandes, démultipliées par les signes de bonne volonté du gouvernement fédéral. L'intervention de la coopération internationale allait permettre de donner une solution, au moins partielle, au problème.

Le PPTAL : un instrument de protection fondamental

L'action menée, dans les années 1980, par les groupes de pression écologistes, indigénistes ou de soutien aux droits de l'homme a réussi à modifier substantiellement l'approche qu'ont les gouvernements et les grands organismes internationaux de la question du développement. La pression exercée sur le Brésil change dès lors de nature puisque ce ne sont plus seulement des ONG étrangères qui s'intéressent à la question, mais des institutions internationales auxquelles le gouvernement fédéral demande des crédits. D'abord timide[22], la prise en compte de la question indigène par ces institutions devient plus exigeante au début des années 1990, comme le montre la démarcation d'amples Terres indigènes dans les plans Planafloro et Prodeagro. Par ailleurs, la délimitation de Terres indigènes en Amazonie a été intégrée comme l'un des sous-projets du PPG-7, déjà mentionné ci-dessus, sous le nom de PPTAL, et financée principalement par la coopération allemande (KFW), bien que l'exécution reste confiée à la FUNAI.

L'impact du PPTAL est déterminant puisqu'au total 59 % des Terres indigènes créées depuis qu'il existe (et 75,5 % de la surface cumulée de celles-ci) ont été aidées par le programme. Évaluer dans quelle mesure l'existence du PPTAL a aiguillonné le gouvernement fédéral lui-même est difficile. La Funai avait présenté dès 1994 un programme de travail dont le PPTAL semble avoir repris les principes, ce qui revient à dire que la coopération internationale n'aura fourni que le financement. Il

22. On pense à la prise en compte des Nambikwara dans la Polonoroeste (PRICE, 1989).

est probable que cette influence a cependant été importante, notamment parce que le PPTAL a permis de créer un référentiel technique et des procédures administratives et foncières qui rendent aujourd'hui la Funai considérablement plus efficace et moins contestable sur le plan juridique qu'elle ne l'était auparavant.

La décision d'homologuer les Terres indigènes demeure cependant politique et du ressort du président de la République. De fait, en regardant la courbe d'homologation des terres depuis 1989, on observe une alternance de périodes favorables et de pauses. En dépit de la présence de la coopération internationale, le contexte politique brésilien continue d'exercer une influence majeure sur le sujet. De la même manière, on note que le PPTAL intervient principalement dans des secteurs situés à l'écart du front pionnier. Cette stratégie découle en partie des critères choisis pour déterminer la priorité des zones dans lesquelles agir[23], de l'existence de deux autres programmes internationaux incluant des actions de régularisation des terres indigènes[24], mais aussi du fait que la contrepartie du gouvernement brésilien dans le PPTAL est le paiement des indemnisations des propriétaires éventuellement expulsés. Compte tenu de l'absence de marge financière, ces indemnisations ne sont libérées qu'au compte-gouttes et constituent l'élément limitant du PPTAL : en moyenne, à peine 35 % des ressources prévues chaque année pour le programme sont effectivement utilisées. Le programme a donc été centré sur les régions dans lesquelles il n'y a pas besoin d'indemnisations.

Limites et inflexions d'une dynamique

La question indigène possède au Brésil deux faces, l'une à usage interne et l'autre internationale. Sont incluses dans la première les relations complexes entre la société brésilienne et sa population indigène, dont l'image est un composant indispensable de l'identité nationale mais dont la réalité embarrasse. Dans la seconde, on trouve les mesures de protection que la communauté internationale a édictées

23. La stratégie du PPTAL est liée à celle des « couloirs écologiques ».
24. Planafloro, Prodeagro, zones insérées récemment dans le PPTAL.

pour la préservation des minorités ethniques[25] et le mouvement international de sympathie dont elles jouissent, évoqué plus haut.

Ces deux dynamiques, opérant à des échelles différentes, entrent facilement en conflit. L'enjeu de la dispute est la superposition des Terres indigènes protégées et des espaces de progression de la frontière économique en Amazonie. S'agissant de zones souvent riches en ressources naturelles, les heurts sont aigus et parfois mortels. Pour les partisans de l'ouverture de la plus grande partie de l'Amazonie à l'exploitation économique, l'ingérence étrangère au Brésil est directement responsable de la création des Terres indigènes et cache, sous son appui aux minorités, d'autres intérêts: la confiscation des ressources du Brésil, ce qui l'empêcherait d'accéder à son rang international et limiterait la souveraineté de l'État sur son propre territoire. La puissance de ce lobby, qui fédère la plupart des intérêts ruraux ou miniers en Amazonie, est considérable car il a une influence directe sur les députés et sénateurs issus des États amazoniens. Ainsi, lorsque le gouvernement est en position de force, il réussit à imposer la création de nouvelles terres alors que, lorsqu'il est en position de faiblesse, il en ralentit le rythme.

De l'avis général, il est peu probable que soient créées de nouvelles Terres indigènes de très grande extension en Amazonie, une fois homologuées celles dont la reconnaissance est en cours. Pour autant, la situation foncière semble loin d'être stabilisée. Si les ethnies les plus isolées ou les plus nombreuses ont vu leurs droits territoriaux reconnus, on note l'apparition de nombreux groupes qui redécouvrent leur identité indigène, ce qui pourrait avoir un impact sur la situation foncière de régions d'ancienne occupation (en particulier le long des grands fleuves). De son côté, la coopération internationale semble devoir cesser son financement du PPTAL à partir de 2006, laissant au Brésil le soin de finir la tâche. Dans la mesure où, en Europe et aux États-Unis, les grands mouvements de soutien aux peuples indigènes se sont essoufflés, on peut y voir la marque d'un désengagement international sur la question, ou du moins d'un changement de priorité. Cela correspond aussi à une évolution de la demande de la part des peuples indigènes eux-mêmes. Les groupes les plus nombreux étant

25. Pour une revue des conventions internationales et une analyse des positions du gouvernement brésilien, voir ALBERT (2004).

pour la plupart dans une situation foncière assurée, leurs besoins s'expriment aujourd'hui beaucoup plus en termes d'éducation et de développement qu'en termes d'appui politique. Ils bénéficient d'ailleurs, dans ces domaines-là également, de lignes de financement privilégiées dans le cadre du PPG-7 (PD/A, PGAI).

Conclusion : dispute à risques en Amazonie

Entre la mise en culture sous l'impulsion de la filière soja, la création de périmètres de protection écologique et l'instauration de Terres indigènes, les dynamiques d'usage du sol en Amazonie apparaissent fortement conditionnées par la mondialisation contemporaine sous ses différents visages, et notamment le couple économie de marché/démocratie formelle. Le premier élément justifie la culture du soja et organise les stratégies des traders, le second s'ajoute aux recommandations internationales pour mettre en place unités de conservation de la biodiversité et réserves indiennes. On observe la constitution d'espaces productifs aux mains d'acteurs économiques mobiles qui n'ont que peu le souci du territoire, et celle d'espaces protégés sur l'initiative d'institutions nationales et internationales, en décalage avec les réalités locales. Dans ce panorama, seules les Terres indigènes semblent réellement « habitées » et, partant, elles seules constitueraient de véritables territoires[26].

Les réalités sont bien sûr plus complexes et les alliances entre acteurs de différentes natures et échelles, ambiguës et mouvantes. Défendre un bien mondial comme la biodiversité, en se conformant aux pressions internationales, peut être perçu comme contradictoire avec la préservation de la souveraineté internationale, elle-même en contradiction avec les aspirations des gouvernements locaux à la mise en valeur du territoire. Ainsi, dans une Amazonie plus mondialisée qu'elle ne l'a jamais été, la dispute pour l'espace n'aboutit que rarement à la construction de territoires dotés de cohérence et de stabilité.

26. On reprend ici l'assimilation que suggère G. DI MEO (1993 : 307) entre le territoire et l'« habiter ».

Temuco,
Photo Alejandro Parrellada

L'enclave forestière chilienne dans le territoire mapuche*

Par Victor Toledo Llancaqueo

Dans les trente dernières années, le Chili est devenu l'un des principaux exportateurs de produits forestiers, de bois et de cellulose sur le marché international. Ces produits sont parmi les dix vedettes des exportations du «modèle chilien» et rapportent 4,8 % des devises entrées au pays. En 2006, la superficie plantée en pins et en eucalyptus dépasse les deux millions d'hectares. Le problème est que plus de 70 % de ces plantations se trouvent dans le territoire historique des Mapuche, au centre sud du Chili.

Par sa forme, cette solide enclave forestière, propriété de groupes économiques chiliens agressifs, associés aux capitaux multinationaux, constitue une des plus grandes transformations du cadre dans lequel se situent les régions mapuche. Elle a entraîné des conséquences de longue durée dans plusieurs domaines: déplacements des établissements humains, changements des structurations de l'espace, changements dans les pouvoirs politiques, local et régional, transformations radicales de l'environnement: altération des régimes hydrologiques, assèchement des nappes phréatiques, perte de la forêt originelle et de la biodiversité, contamination par les pesticides répandus sur les plantations; déchets

---

* Article traduit de l'espagnol par Dreyfus - Gamelon S., révisé par Chassin J.

toxiques dus aux plants de cellulose. Il faut ajouter à tout cela qu'une partie significative des plantations se trouvent sur des terres réclamées par les communautés mapuche.

Il ne faut donc pas s'étonner que depuis la fin du XXe siècle, les Mapuche considèrent les entreprises forestières comme des adversaires alors que les plantations s'accroissent et font sentir cruellement leurs effets, exacerbés par le déploiement de travailleurs forestiers agressifs. Les communautés, habituées depuis un siècle aux alternances de conflits et d'accords avec les latifundistes locaux, se retrouvèrent face à face, dans une situation évidente de déséquilibres de pouvoirs, avec de puissants groupes économiques exploitants de la forêt. L'incendie de plantations et l'application de la loi anti-terroriste sont les expressions extrêmes d'un conflit territorial amplifié par l'irresponsabilité de l'État quant à ses obligations relatives à la garantie des droits des autochtones.

Depuis 2004, le complexe forestier est entré dans un nouveau cycle expansionniste. La même année le Traité de libre-échange avec les États-Unis s'est ajouté à ceux conclus avec la Corée, l'Union européenne, la Nouvelle Zélande et Singapour. Dans le contexte d'une plus grande libéralisation du marché, 2004 a vu l'expansion des industries forestières, minières et de la pêche, toutes enclavées dans des régions de peuplement autochtone, et l'augmentation des exportations. Les exportations de produits forestiers se sont accrues de 33 % en 2004, représentant plus de 3 milliards de dollars américains; les projections pour 2010 prévoient jusqu'à 4 milliards 800 millions d'exportations et 3 milliards 200 millions d'investissements. Cette nouvelle dynamique économique entraînera l'ouverture de nouvelles plantations à hauteur de 100 000 hectares par an et de fortes pressions sur les terres mapuche et les régimes hydrauliques de leurs vallées, de leurs bassins et le remodelage définitif de la région.

Dans cet article, nous relatons l'origine de l'enclave forestière chilienne et ses principales conséquences sur le territoire mapuche.

L'origine de l'enclave durant la dictature

Le secteur forestier fut, durant la dictature militaire, un des premiers où se manifesta le plus fortement le nouveau projet économique libéral, réorientant les politiques de reforestation qu'avait lancées l'État depuis les années 1960. Le complexe forestier fut le bénéficiaire direct des politiques de développement et de réforme agraire des gouvernements antérieurs à 1973.

Le gouvernement militaire promulgua, en 1974, le décret-loi 701 qui établit une subvention pour les plantations. Il stipule que la subvention atteindra 75 % de la valeur totale des plantations qui, au bout d'un an, auront montré qu'elles avaient un rendement de 75 % (en 1984 et pour un temps, la subvention atteignit 90 %) ; en outre, la terre et le revenu produit étaient exonérés d'impôts et le bâti était inexpropriable. En complément, la banque centrale ouvrit, entre 1975 et 1979, une ligne de crédit destinée exclusivement à encourager la reforestation ; par la suite ces crédits furent accordés par des banques privées. Enfin, on libéralisa totalement le marché des produits forestiers, supprima les quotas, les tarifs douaniers et les normes qui fixaient des conditions minimales à leur exportation.

Au début, l'espèce plantée prédominante fut le pin dont les superficies augmentèrent vertigineusement. En 1975, elles couvraient 390 000 hectares et, en 1989, s'étaient étendues à 1 326 700 hectares.

L'augmentation spectaculaire des surfaces plantées dans les années 1980 ne s'explique pas seulement par les subventions, l'ouverture de crédits et l'insertion réussie dans le marché mondial de la pulpe et du papier. La vente à bas prix des terres de la réforme agraire se fit au moyen d'une opération d'adjudication des constructions bâties sur des terrains autrefois boisés, transférées par la Corporation de la Réforme agraire à la Corporation nationale des forêts qui, à son tour, les transféra aux entreprises forestières. S'ajoute à ces profits l'acquisition, dans les années 1980, par le marché privé, de terres rurales qui fournirent des liquidités quand le processus de normalisation (attribution de parcelles, suppression immédiate de leur protection) des terres expropriées par la réforme agraire atteignit un point culminant.

Cellulose issue du pin et de l'eucalyptus

L'incorporation de l'eucalyptus dans le commerce du bois et de la cellulose donne au Chili une place privilégiée et apporte, en 1988, un changement important dans l'industrie forestière. Cette espèce, destinée principalement à la production de pulpe chimique pour l'exportation, est à l'origine d'une seconde expansion de cette industrie. Les capitaux multinationaux commencent à acquérir des terrains boisés, des terres agricoles et des prairies pour les transformer en plantations forestières. Cette multinationalisation sera la marque des années 1990, même sous le régime démocratique.

Le projet de l'industrie, avant la signature des traités de libre-échange avec les États-Unis, la Corée, Singapour et la Chine, était d'arriver à une superficie plantée de 2600000 hectares en 2010. Il faut noter que la vente à bas prix des terres de la réforme agraire grâce au système d'adjudication décrit plus haut a permis l'accroissement de la superficie plantée à partir des années 1980. À quoi il faut ajouter le dynamisme du marché des terrains, impulsé par les processus de «normalisation» et d'«assignation» des terres expropriées par la réforme agraire.

Dans les trente dernières années, le Chili est devenu l'un des principaux exportateurs de produits forestiers et de cellulose sur le marché international. Ceux-ci sont parmi les dix produits vedettes des exportations chiliennes et représentent 4,8 % des devises qui entrent dans l'économie nationale.

Cela se rapporte également aux «avantages comparés» du pays en termes environnementaux, économiques et politiques. Les activités forestières et l'industrie de la cellulose se développent sur des terres fertiles, riches en ressources hydrauliques et d'une grande biodiversité. Les subventions directes, la diminution des coûts de production grâce aux bas coûts de la main-d'œuvre et de la terre donnent des avantages économiques aux entreprises qui, malgré les impacts et les dégâts occasionnés par leurs activités, sont néanmoins favorisées par l'inefficacité des normes en vigueur et des contrôles fiscaux.

En prenant tous ces éléments en considération, il est pertinent d'aborder les impacts économiques, environnementaux, territoriaux et sociaux de l'industrie forestière au Chili.

Les impacts économiques et la place de l'industrie forestière dans l'industrie mondiale

Deux tendances propres à la mondialisation de l'économie se manifestent dans l'industrie forestière chilienne : internationalisation du commerce et des acteurs économiques.

L'internationalisation de l'industrie forestière chilienne est liée à la structure exportatrice de la production nationale, consolidée pendant les trente dernières années et fortifiée par les récents accords de libre-échange.

Dans cette dynamique, le Chili n'a pas été capable de se défaire de la dépendance économique vis-à-vis des pays industrialisés, devenant un fournisseur permanent de produits à faible valeur ajoutée et un acheteur de technologies et de produits manufacturés à ses associés importateurs. Les produits de la forêt sont principalement exportés vers deux régions : l'Asie du Pacifique et les États-Unis. Cette dépendance des marchés internationaux engendre une grande instabilité dans le pays.

L'industrie forestière est aux mains de multinationales à capitaux étrangers, jointes à des groupes économiques chiliens depuis la fin des années 1980. Pour diminuer les coûts, les compagnies s'installent dans des pays comme le Chili dont la position périphérique et subordonnée leur garantit un flux régulier de fournitures. Une des principales conséquences de cette situation est la difficulté d'exercer un contrôle local ou national sur les opérations des compagnies dans la mesure où celles-ci répondent à des maisons-mères situées hors du pays et, donc, éloignées de la politique locale.

La croissance et le développement de l'industrie forestière ne se sont pas traduits par une amélioration des conditions de vie de la population. En pratique, ils favorisent principalement les mécanismes d'accumulation globale des ressources naturelles et financières. La majeure partie des bénéfices et des appuis octroyés par le gouvernement au secteur forestier durant les décennies 1970 et 1980 ne profita qu'à un petit nombre d'entreprises et actuellement trois groupes (Angelini, Matte et Schmidheiny) seulement possèdent les plantations forestières du Chili. Le groupe Angelini est le plus important, propriétaire de milliers d'hectares de forêts plantées et des principales entreprises de production de cellulose.

Les compagnies forestières procèdent à un processus de reconcentration de la propriété foncière, annulant les effets redistributifs de la réforme agraire des années 1960 et du début des années 1970. La constitution de conglomérats entre les principales entreprises aboutit à un centralisation progressive du capital, renforçant les groupes économiques et accentuant les inégalités sociales.

Impacts environnementaux de l'industrie forestière

Cette activité porte atteinte à la biodiversité des bois, aux écosystèmes et aux communautés voisines. Rien que dans les régions VII et VIII environ 50 000 hectares de forêts originelles disparurent entre 1978 et 1987, abattues ou incendiées et remplacées par des plantations industrielles de pins et d'eucalyptus. Dans la VIIe région, le tiers des bois de la côte fut converti en plantations de pins.

Ces plantations industrielles ont fortement dégradé les sols, pour deux raisons :

- les plantations de pins extraient du sol plus de nutriments qu'elles n'en apportent, faute d'humidification, ce qui provoque une lente diminution de la fertilité du sol ;
- la coupe des bois originels et le brûlis de la matière ligneuse laissent le sol sans protection durant les deux ou trois premières années de la plantation d'où une intense érosion lors de la saison des fortes pluies hivernales. La même chose se produit après la récolte finale quand la totalité des arbres sont coupés et que l'on brûle les résidus de l'exploitation.

Le type de développement forestier mis en œuvre au Chili recèle une extrême dangerosité comportant des risques d'inondations, de raréfaction et de contamination des ressources hydrauliques locales. Plantations industrielles et production de cellulose entraînent des modifications du cycle hydrologique et la contamination des eaux de surface et souterraines. Un exemple emblématique des risques encourus est celui de l'industrie de cellulose Arauco Valdivia, propriété du groupe Angelini qui, à partir du processus de blanchiment, a provoqué une réaction en chaîne affectant irréversiblement la qualité des eaux et du Sanctuaire de la nature Carlos Andwandter, jouissant de la protection internationale de la convention Ramsar.

Les communautés mapuche de Malleco affrontent de sérieux problèmes pour leur approvisionnement en eau depuis l'installation des plantations. Dans quelques cas, les paysans, privés d'eau, ont dû abandonner leurs foyers (Los Alamos, Tirua, Contulmo, Canete). Le sol des plantations de pins a peu de capacité d'absorption de l'eau de pluie qui s'écoule rapidement sur les pentes des montagnes provoquant l'inondation des vallées (Puren, Lumaco).

Les dénonciations de ces dommages par les communautés et les organisations, s'ajoutant à l'insertion de l'industrie forestière chilienne dans l'économie mondiale – qui l'oblige à se conformer à certaines exigences internationales concernant l'environnement – exercent une pression importante sur les entreprises et les autorités publiques. Un résultat a déjà été obtenu par l'obtention d'un certificat qui doit garantir la durabilité de la production du bois.

Impacts territoriaux : restructuration de l'espace et expansion de la forêt

L'activité forestière au Chili a pour conséquence la restructuration industrielle d'anciens territoires agraires ou boisés et l'expansion et l'intégration de nouveaux territoires dans les systèmes globaux.

La restructuration superpose, mélange et/ou modifie les structures territoriales préexistantes. Elle démonte les systèmes économiques locaux en redéfinissant les avantages relatifs des divers territoires et les rôles qui leur sont attribués sur les cartes nationale et internationale des activités économiques. Elle réoriente en conséquence ces activités – dans le cadre local, régional ou national – vers la scène mondiale, visant une insertion progressive dans le marché global. Comme l'indique Brenner, nous ne sommes pas seulement devant l'expansion physico-géographique du capitalisme mais devant la transformation des espaces sociaux et politiques en ce qu'il leur assigne ; nous nous trouvons devant une reconfiguration contradictoire de l'espace social qui se produit simultanément à de multiples échelles géographiques qui ne sont ni autosuffisantes, ni étanches, ni mutuellement exclusives.

Cette réorganisation du territoire et l'usage des ressources n'a pas favorisé les régions ou les communes qui forment le « pays forestier », dans les régions VII, VIII, IX et X. En perdant leurs moyens d'existence, les agriculteurs et les communautés déplacés restent en situation de pauvreté et de précarité donnant lieu à de nouveaux mouvements de migration de la campagne vers la ville qui pérennisent les conditions de marginalité. Des études récentes montrent, en outre, qu'une grande partie des travailleurs forestiers viennent d'autres régions et que cette industrie ne crée ni emplois ni richesses sur sa zone. Le système du tribut ne lie pas les communes à l'industrie car celles-là ne bénéficient pas des profits.

Impacts sociaux : conflit entre les communautés mapuche et les entreprises forestières

La crise entre les communautés mapuche et les entreprises forestières a été considérée comme extrêmement grave par ces dernières et les autorités gouvernementales à la suite de l'incendie de trois camions à la sortie d'un domaine agricole de la Forestal Arauco (propriété du groupe Angelini) et de la prise du domaine El Rincon, propriété de Forestal Minico (filiale du groupe CMPC) à la fin des années 1990.

Cette tension n'est, cependant, ni fortuite ni imprévue. La restructuration territoriale de la région sud du Chili (régions VIII, IX et X) durant les trente dernières années, à cause de l'exploitation forestière, a signifié que dans des zones comme Arauco, Malleco et Cautin, les communautés mapuche se sont trouvées, sans l'avoir prévu, au milieu d'un vaste bois artificiel qui assèche leurs estuaires, leurs puits, les isole, les contamine, s'attaque à leur noyau religieux – la mapu – et les assiège violemment.

70 % des entités mapuche, depuis Arauco jusqu'à Chiloé, sont sous la pression des forestiers. Les terrains de leurs entreprises se situent sur des terres toujours réclamées par les communautés mapuche pour diverses raisons : parce qu'elles font partie de leurs anciennes juridictions, pour être inclues dans leurs titres de propriété, ou pour avoir été récupérées pendant la réforme agraire et avoir été perdues postérieurement à 1973.

De son côté, l'industrie forestière considère que la présence de terres mapuche au milieu de ses territoires constitue une « coupure » du pays forestier. La logique spatiale de ces entrepreneurs se base sur la concentration de grandes superficies entre les mains de trois ou quatre consortiums dans le dessein de réserver des terres pour la production et (ou) de créer des barrières à la concurrence. De plus, même quand on écoute les réclamations des communautés mapuche, le système des plantations forestières, l'installation de cités pour le traitement industriel de la cellulose, l'extension des réseaux routiers, le flux des marchandises vers le centre national ou le marché extérieur ont trop défiguré le territoire.

Le modèle d'exploitation forestière en vigueur a démantelé le régime des sols, celui des bassins et les écosystèmes. Pour les communautés, ses impacts se traduisent par le déplacement forcé de populations appauvries. Les entreprises forestières ne créent aucune relation de complémentarité avec les communautés mapuche et ne leur offrent aucun travail. Leurs établissements sont consacrés à l'extraction, ne s'enracinent pas, ils n'emploient que des équipes techniques mobiles, des ouvriers spécialisés et des gardes armés qui se comportent habituellement avec une grande agressivité et arrogance. L'enclave forestière agit comme une armée d'occupation exogène et pilleuse.

C'est le contexte dans lequel se situent les problèmes territoriaux liés aux disputes pour les terres et à la défense des communautés face aux conséquences environnementales culturelles et sociales. Ces conflits se développent, en outre, sur les différences ethniques entre les communautés. On peut ainsi parler de «conflits ethno-territoriaux» entre trois grands acteurs dont les pouvoirs sont évidemment inégaux et disproportionnés: les communautés mapuche, les entreprises forestières et les autorités gouvernementales.

Réflexions finales

La macro-région sud du Chili, où sont établies les communautés mapuche, a vécu des transformations qui ont changé le paysage, l'économie, les structures et les dynamiques spatiales et sociales. Un processus de modernisation compulsive qui a été caractérisé par certains analystes comme «des reclassifications brutales» des territoires. L'implantation de politiques néolibérales orthodoxes depuis la fin des années 1970, continuée par les gouvernements de la transition démocratique, a eu un impact profond sur les droits territoriaux mapuche. Actuellement, en ce temps de mondialisation économique, le modèle économique ascendant dont l'axe est l'enclave forestière, impose une autre géographie régionale, répand les plantations et l'industrie forestières, fortement concentrées dans des groupes économiques. S'étendant géographiquement, elles comporte un ensemble de conséquences environnementales, sociales, politiques et crée des conflits ethno territoriaux. Depuis la décennie des années 1980 les vieux problèmes fonciers de tout un siècle ont augmenté en quantité et en complexité par l'effet d'une modernisation compulsive aux conséquences spatiales.

L'expansion de l'enclave forestière, sans réglementations territoriales ni environnementales, laissée au bon vouloir des groupes économiques propriétaires avec un total laisser faire de l'État quant à la garantie des droits des autochtones, implique la fin de la persistance de l'immense majorité des communautés mapuche du Chili. Le complexe forestier du début du XXIe siècle a vu se développer de nouvelles modalités de l'expansion des plantations. Elle ne se fonde plus seulement sur l'acquisition de terrains qui enserrent les communautés mapuche; elle avance aujourd'hui en disséminant les plantations à l'intérieur des terres des paysans qui en échange de donner l'usage de leurs terres reçoivent des fonds de l'État avec ceux provenant de la banque multilatérale.

Chefs de villages en costume traditionnel pour une manifestation officielle.
Photo : Godwin Limberg.

Indonésie : La coupe du bois à une petite échelle et ses implications pour l'accès aux forêts des communautés.*

Par Godwin Linberg

Jusqu'en 1997, la politique sylvicole de l'Indonésie était très centralisée et tous les permis de coupe des arbres étaient délivrés dans la capitale du pays, bien souvent à des personnes qui avaient des appuis gouvernementaux. Pendant cette période, qui va de 1980 à 1999, on estime le taux de déforestation à 1,6 million d'hectares par an. Après la chute du président Soeharto, il y eut, en peu de temps, tout un ensemble de réformes politiques, y compris dans le secteur forestier. À peu près à la même période, on mit en œuvre l'autonomie des régions, ce qui impliqua que les permis de coupe des arbres pour de petites entreprises pouvaient être délivrés directement au niveau local par le service des forêts et le chef du district. Pour la première fois, la décentralisation donnait l'occasion aux communautés de participer directement à la gestion des forêts.

Des permis pour couper le bois à petite échelle (en Indonésien : *Izin Pemungutan dan Pemanfaatan kayu*) incluaient des clauses assurant que les villages recevraient des bénéfices de l'extraction du bois à des fins commerciales. Toutefois ces bénéfices étaient limités. Les bureaucrates, les entrepreneurs et les élites des communautés locales,

* Article traduit de l'anglais par Revel N., révisé par Dreyfus – Gamelon S.

avides de revenus, ont utilisé ces nouvelles mesures pour accroître leurs propres intérêts via des collectes lucratives de bois à petite échelle. Aussi les communautés reçoivent-elles peu de fonds en argent liquide, le développement de l'infrastructure de quelques villages et peu d'occasions d'emploi. Néanmoins, ces bénéfices furent assez substantiels pour inciter les membres des communautés à s'emparer des questions de droit et d'accès à long terme aux forêts. L'attitude du gouvernement local a été ambiguë : les licences pour la coupe du bois n'ont été accordées que pour les aires déclarées «terres ancestrales». Ce simple fait pourrait être interprété comme une reconnaissance indirecte des revendications des droits à la terre des communautés. Mais en réalité, le gouvernement local a été peu enclin à reconnaître formellement leurs revendications sur la terre et la forêt.

Dans cet article, je prends l'exemple, pour les années 2000 à 2003, de sept petites entreprises de collecte du bois dans la région de la Malinau à Kalimantan-Est, pour décrire le type et la quantité des bénéfices reçus par les communautés et les implications de cette expérience pour l'accès futur à leurs forêts.

Permis pour des petites extractions de bois sur la ligne de partage des eaux de la Malinau.

Malinau, un district qui fut créé récemment, en 1999, est situé à l'intérieur de la province de Kalimantan Est sur l'île de Bornéo. Les habitants de la Malinau sont principalement les Dayak (plus de 18 sous-groupes différents) et un assez grand nombre de Punan, anciens nomades chasseurs-cueilleurs. Leurs principaaux moyens d'existence reposent sur une agriculture de montagne et la collecte des produits forestiers. Les villages étudiés sont surtout habités par les Dayak (Kenyah, Merap, Lundaye) et les Punan.

De juillet 2000 à février 2001, plusieurs compagnies ont passé des accords avec les villages sur la ligne de partage des eaux de la Malinau. À la différence des concessions antérieures qui étaient allouées par le gouvernement central à de grandes compagnies, les principaux attributaires de permis pour les petites collectes de bois étaient des entrepreneurs locaux, des élites villageoises et le gouvernement du district. Dans six villages sur sept, c'étaient des entrepreneurs connus de la communauté qui négociaient le permis ; ils avaient auparavant fait commerce de produits non ligneux (Non Timber Forest Products) ou bien acheté du bois coupé illégalement. Basés à Malinau ou à Tarakan ils ont de vastes réseaux dans la région. Grâce à leurs affaires antérieures, ils ont établi des relations de clientélisme. Ces entrepreneurs négocient directement avec les responsables de villages.

Les négociations entre villageois et entrepreneurs sont centrées sur le paiement d'un droit par mètre cube de bois coupé, sur des bénéfices en nature et des emplois pour des membres de la communauté. Outre ces bénéfices initiaux, les entrepreneurs se sont aussi engagés à faire des cultures commercialisables, comme à Bila Bekayu, Langap, Setarap/Punan Setarap et Adiu/Punan Adiu. Ultérieurement, les compagnies ne firent plus de promesses de cet ordre (Sengayan, Nunuk Tanah Kibang, Tanjung Nanga).

Buldozer et camions de transport de bois sur une route du de district de Malinau, Kalimantan est.
Photo : Stefan Setz.

Pendant les négociations, les accords concernant les endroits à couper étaient vagues le plus souvent. Parfois les villages passaient des accords oraux sur les emplois locaux, le contrôle des opérations par la communauté, notamment la mesure de la production de bois coupé, ainsi que la manière de mener les opérations de coupe des arbres de la forêt. Les villages de Sengayan, Nunuk Tanah Kibang et Tanjung Nanga en particulier, exigèrent que les compagnies se conforment à une coupe sélective, des arbres d'un diamètre de plus de 50 cm. Tanjung Nanga demanda également que moins d'espèces connues soient coupées afin d'accroître le volume du bois extrait.

Avec le temps, le taux des droits au mètre cube, exigés par les villages, augmentèrent. À Bila Bekayu, le premier village où une compagnie entreprit de couper, il n'y eut pas de promesse claire ; tandis qu'à Tanjung Nanga, le dernier village, les droits s'élevèrent à 50 000 roupies par mètre cube. Les villageois apprirent des expériences des uns et des autres et tentèrent d'obtenir de meilleurs rapports. Le résultat des négociations sur le taux, variait selon l'accès à l'information et les aptitudes à négocier des responsables villageois. Dans un des cas, les villageois furent surpris de voir que l'entrepreneur avait offert un taux plus élevé que celui qu'ils avaient eu l'intention de demander. Ils réalisèrent également qu'ils auraient pu recevoir plus, s'ils avaient connu les montants payés ailleurs.

Les entrepreneurs eurent aussi recours à la cooptation de personnes influentes au village, ainsi qu'à des mesures d'intimidation pour réduire les sommes versées. Comme les villageois importants étaient rémunérés au mètre cube, un taux, même bas, générait un bon rapport personnel. Par ces accords officieux, les compagnies veillaient à ce que ces personnes influentes aient intérêt à maintenir le volume de bois coupé.

Quel profit pour les villages ?

Les villages s'attendaient à recevoir des sommes d'argent substantielles, outre les bénéfices en espèces et en emplois liés aux permis de collecte de bois. Dans cette partie, nous analysons combien de villages ont vraiment bénéficié de ces permis.

Argent

Les villageois se plaignaient de ce que les compagnies à grande échelle n'avaient jamais contribué au développement des villages où elles opéraient. Comparé à l'aide reçue auparavant des grandes compagnies, le montant total des permis des entreprises à petite échelle ainsi que l'assistance gouvernementale (10 millions de roupies par an et par village, outre des petits projets de développement), reçus par les villages respectifs, sont plus élevés. Aussi n'est-il pas surprenant que les villages aient été enthousiastes sur les bénéfices qu'ils percevaient.

En se fondant sur les négociations initiales, les villageois espéraient des gains élevés provenant de ces permis. Deux ans après, avaient-ils raison ? Tous les villages à l'exception d'un (Bila Bekayu), reçurent de grandes sommes d'argent surtout si l'on tient en compte qu'une famille tente d'être autosuffisante en riz (l'aliment de base) et espère quelques revenus additionnels en argent liquide. Le revenu des caféiers et des cacaotiers est assez stable, mais excède rarement 1.5 million de roupies (163 dollars US) par an. Le rapport de la collecte de gaharu (aloès, un produit forestier de valeur) est potentiellement plus élevé, mais très irrégulier. Les versements ont lieu tous les deux ou quatre mois, selon le volume de bois coupé. La compagnie donnait l'argent au chef du village. Selon les communautés, la distribution variait. Les uns divisaient la totalité du montant en parts égales entre les familles du village. D'autres villages avaient des taux différents selon les groupes : les veuves, les étudiants, les célibataires, parfois des membres de la communauté travaillant hors du village. Avec le temps, le système changea. Une famille reçut un montant allant de 500 000 à 2 000 000 de roupies de versement.

Les villages furent confrontés à plusieurs problèmes liés au paiement des droits. Ils n'avaient pas de registre précis de la production de bois et ils se fondaient sur les rapports de la compagnie pour calculer le montant auquel ils avaient droit. Il y avait des compagnies qui racontaient des histoires de pertes de troncs d'arbres pour baisser le montant des paiements.

Un deuxième problème : les compagnies avaient tendance à payer la totalité aux chefs de villages. Comme il n'y avait pas de données précises de la production, ni d'autres recours pour des rapports transparents, ce système de paiement a créé un climat de suspicion entre les villageois.

Diverses sources d'information montrent que des chefs de village reçurent des dessous-de-table et les villageois ne pouvaient corriger le système car les promesses étaient faites secrètement. Toutefois, les villageois n'ont pas protesté contre cet arrangement tant que l'argent réparti entre eux fut égal. Les gens ne protestaient que si le paiement avait du retard, ou si l'écart des sommes reçues par les familles était trop grand par rapport à la somme dont on soupçonnait le(s) chef(s) de village d'avoir bénéficié. Ceci se passa dans trois villages. Des protestations furent adressées à la compagnie. Des délégations furent envoyées au bureau de la compagnie pour protester et saisir des équipements lourds. Dans un cas, le village obtint un montant plus élevé par mètre cube (deux fois plus que l'accord originel). Il est impossible de savoir si cette augmentation fut prélevée sur les montants payés aux chefs de village, ou si elle réduisit les bénéfices de la compagnie.

Certains villages mettaient peu d'argent de côté pour les besoins publics. Des chefs de villages expliquèrent que s'il suggéraient qu'une partie de l'argent soit mise de côté et allouée au développement de la communauté, la majorité des villageois s'y opposaient. Souvent, les villageois ont fait l'expérience de chefs utilisant les fonds du village sans en référer aux villageois ou utilisaient ces fonds à des fins personnelles. Ce manque de transparence et de sens de la responsabilité fit opter les villageois pour la solution la plus sûre : tout partager !

La plupart des familles dépensèrent leur argent pour satisfaire des besoins immédiats tels que : la nourriture, les soins médicaux, ou des produits de luxe, des équipements électroniques, par exemple. Au début notamment, les gens furent facilement persuadés par des colporteurs, d'acheter une variété de produits. Ces marchands savaient quand la compagnie faisait ses paiements et arrivaient avec leurs marchandises à ce moment précis. Avec le temps, leur nombre s'accrut. Dans un village, un maître d'école raconta comment une famille avait dépensé tout son argent en objets de luxe, quand quelques jours plus tard ils durent emprunter de l'argent pour les soins d'un de leurs enfants. Il dit que cette expérience avait fait prendre aux gens une conscience plus claire de la nécessité de faire davantage attention.

Au sein des villages et dans les villages alentour, la perception est que peu d'argent en provenance des permis de collecte du bois a eu un impact à long terme. Ceci est confirmé par une enquête sur les familles de trois villages, qui montra que rares sont les foyers qui ont une épargne (ou du moins, dont il veulent bien faire État). Certains villages voisins peuvent faire ces commentaires par jalousie. Mais des personnes influentes dans les villages témoignent du fait que l'argent provenant des permis de collecte du bois à une petite échelle, a peu contribué au développement des villages.

Bénéfices en espèces provenant des permis de collecte du bois à petite échelle

Dans les sept villages, les accords incluaient des promesses des compagnies de fournir diverses aides au développement de l'infrastructure et, dans quatre, villages l'établissement de plantations de rapport.

Les compagnies donnaient une aide pour les zones où un équipement lourd et relativement cher est nécessaire, la construction des routes, et mise à niveau de la zone d'expansion du village, par exemple. Toutefois, les routes construites étaient nécessaires pour l'extraction du bois et n'impliquaient donc pas plus de dépenses pour les compagnies. L'aménagement de campements impliqua des coûts additionnels et les villages eurent plus de difficultés à y pourvoir que d'aide ne leur fut donnée. Les constructions d'autres infrastructures villageoises telles que des maisons, un bureau et des salles de réunion, furent en partie réalisés.

Il semble qu'il y eut un changement entre les premiers permis alloués pour la collecte du bois à petite échelle, les promesses qui les accompagnaient et les derniers où le pourcentages de promesses tenues s'accrut, en commençant par Bila Bekayuk, qui ne reçut aucun équipement et Langkap qui reçut certains bénéfices en espèce. Les villages de Punan Setarap, Adiu-PunanAdiu et Nunuk Tanah Kibang reçurent la moitié environ des équipements promis. À Sengayan, les quelques articles, outre le paiement des rétributions, furent tous attribués, tandis que Tanjung Nanga, qui paya les rétributions les plus élevées, n'eut pas les bénéfices escomptés. Les compagnies ne firent pas le moindre effort pour ouvrir des plantations. Mais les villageois ne semblent pas s'en préoccuper beaucoup.

Emplois

Au début, comme bon nombre de villageois avaient des expériences antérieures dans les compagnies forestières en Malaisie, les villages espéraient que les permis de récolte de bois à petite échelle, créeraient de l'emploi au niveau local. Lors des négociations, les entrepreneurs promirent que les compagnies procureraient des emplois aux villageois. Toutefois, dans trois villages, les gens perdirent vite leurs illusions quand les compagnies amenèrent des équipes entières et ne procurèrent aucun emploi au niveau local. Dans deux cas, les villageois firent une manifestation contre la compagnie et finalement celle-ci procura quelques emplois pour les gens du lieu.

Les villageois apprirent vite que l'emploi par les compagnies était moins lucratif que prévu. Les taux de paiement étaient comparables à ceux d'autres parties de Kalimantan-Est, soit 2 750 roupies par mètre cubes pour l'opérateur d'une scie à la chaîne alors que le coût de la vie est plus élevé à Malinau.

Deuxièmement, certaines compagnies ne payèrent pas leurs employés pendant plusieurs mois consécutifs. Des emplois marginaux comme la coupe et la vente du bois pour une consommation locale, était une meilleure source de revenu. Dans un village, du bois de fer scié fut, fourni à l'entrepreneur par les villageois qui gagnèrent 400 000 roupies par mètre cube. Les tracteurs de la compagnie forestière tirèrent les troncs hors de la forêt gratuitement. Les opérateurs de scie à la chaîne affirmaient qu'ils pouvaient produire environ 1 mètre cube de bois scié par jour. Étant donné que les entrepreneurs achetaient plusieurs dizaines de mètres cubes, ceci procurait un revenu additionnel conséquent.

Environ 40 personnes, originaires de quatre villages, travaillèrent dans des opérations de coupe des arbres, comme opérateurs de scies à la chaîne et d'équipement lourd. La présence des permis de coupe à petite échelle donnait quelques avantages supplémentaires, le transport par exemple. Dans tous les villages, les gens utilisaient régulièrement les véhicules de la compagnie pour aller à leurs champs, pour se rendre à Malinau ou transporter du bois pour leur usage personnel. Dans la plupart des villages, certains individus tirèrent profit de la possibilité de scier du bois pour la vente locale. La présence des travailleurs de la compagnie permit un marché local de légumes, de viande et de poisson.

Implication dans la gestion de la forêt

Certains villages inclurent dans leurs accord verbaux, non seulement l'emploi de la main d'œuvre locale, mais encore le contrôle des opérations par la communauté, en particulier la mesure du volume de bois coupé, la taille des arbres coupés et la manière dont les opérations étaient conduites.

En fait, plusieurs personnes locales prirent part aux opérations de contrôle. Néanmoins dans certains cas, c'était la compagnie qui payait les salaires de ces gens et elle les décourageait à venir voir trop souvent les zones de coupe. À Tanjung Nanga même, où la communauté payait les salaires de ses membres, la compagnie essaya de les décourager ou les entrava dans l'exercice de leurs tâches. Par ailleurs, les villageois allèrent dans les surfaces coupées pour chasser ou faire la cueillette de produits forestiers. Lors de ces expéditions, ils observèrent la réalité des opérations de coupe de la forêt. Il n'y a cependant pas de cas où les rapports de ces contrôles informels, ont conduit à des actions contre les compagnies si une quelconque violation fut observée.

Impact sur la forêt

Les villageois observèrent que la coupe des arbres avait un impact de grande portée sur la forêt. Mais ils avaient une faible notion de l'étendue réelle d'une zone affectée. La plupart des estimations se réfèrent à la superficie officielle assignée par le permis gouvernemental. Certains déclarent que l'impact a été limité grâce à l'application de la coupe sélective. Mais, dans d'autres villages, les membres de la communauté reconnaissent que très peu d'arbres d'un diamètre supérieur à 30 cm ont été laissés et que les opérations de coupe ont bien endommagé le sol. Dans quatre villages les opérations de coupe des arbres ont endommagé les jardins des gens et les champs sans consultation préalable.

À partir d'une évaluation fondée sur des images satellite, il apparaît que l'étendue réellement affectée par les grandes opérations de coupe est plus petite que l'étendue assignée aux permis des petites entreprises. Cette information contredit l'opinion générale selon laquelle les permis de collecte des entreprises à petite échelle ont eu un impact sur la forêt plus étendu que la concession qui leur avait été attribuée officiellement et cela à cause de l'absence de contrôle par les agences gouvernementales. D'une part, sur la ligne de partage des eaux de la Malinau, le bois est encore disponible à de courtes distances des routes ouvertes auparavant par les concessionnaires de bois. D'autre part, bon nombre de permis de collecte utilisés par les entreprises à petite échelle, ont utilisé un équipement lourd de deuxième main en très mauvais État, et à cause des pannes nombreuses de l'équipement cela a virtuellement empêché les grandes opérations de coupe. Enfin, pendant cette période le prix du bois était très bas, forçant les petites entreprises à minimiser les coûts afin de maintenir leurs marges de profit. Le terrain accidenté de la Malinau fut un autre problème qu'il fallut affronter. Il avait déjà affecté l'exploitation de la forêt dans les vingt dernières années.

Ainsi que le prouvent des validations au sol, quelques précautions sont nécessaires quand on se fonde sur les images satellite pour estimer la totalité de l'étendue de forêt affectée. L'enquête au sol a montré que quelques étendues de forêt qui furent coupées auparavant (en 2000-2001), n'apparaissent pas sur l'image satellite.

Si l'impact immédiat sur la forêt au cours des deux dernières années est relativement faible, le réseau routier a été accru sur une grande partie de la ligne de partage des eaux de la Malinau. Sur l'image satellite (Landsat January 2003) les axes principaux et les routes ouvertes par les compagnies représentent une moyenne de 69% de l'impact encore visible sur la forêt. Cette expansion du réseau routier crée des possibilités pour l'avenir de l'exploitation de la forêt.

En juin 2003, les élites villageoises et les membres des communautés engagés dans ces permis eurent tendance à minimiser les impacts négatifs de ces opérations sur la forêt. Ceci se passa après que les entreprises à petite échelle eurent arrêté la coupe et que de nombreux villages négociaient de nouveaux marchés avec les compagnies dans l'espoir que la coupe du bois et le flots des rétributions continueraient. En novembre 2002, le chef de district de Malinau, les informa que leurs permis ne seraient pas renouvelés. Pendant cette période de transition des entrepreneurs essayèrent de convertir les permis de collecte à petite échelle en concessions de coupe du bois (*Izin Usaha Pemungutan Hasil Hutan Kayu*, IUPHHK) limitant la superficie à 50 000 hectares par concession. Les entrepreneurs vinrent demander aux villageois leur soutien pour continuer à couper les arbres sur le territoire de leurs villages. Nous connaissons au moins trois cas où les villageois pensèrent que minimiser l'impact pourrait accroître les chances de l'attribution de nouveau permis. Simultanément dans des villages qui reçurent des bénéfices limités ou des villages sans permis de collecte, les gens tendaient à parler davantage de l'impact négatif des opérations de coupe sur l'État de la forêt.

Impact sur le territoire

Au tout début, les villages reconnurent que les permis de collecte attribués n'étaient censés opérer que sur des territoires villageois sans litige. Aussi, afin d'être à même d'attirer les permis, les villages devaient résoudre tout conflit sur les limites territoriales entre villages. Dans certains cas cette condition a eu des effets positifs et incita les villages voisins à se mettre d'accord sur leurs frontières.

Dans d'autres cas, cela en fait aggrava les disputes sur le territoire et le contrôle des ressources. Avec le temps, dans ces villages, les discussions sur l'attribution des bénéfices et sur certaines parties du territoire devinrent de plus en plus conflictuelles. Dans un cas, une des raisons données pour un arrêt anticipé des opérations de coupe fut qu'aucun accord entre les deux villages ne pût être atteint.

Il est encore trop tôt pour tirer des conclusions sur la portée qu'a eue la délivrance de ces permis sur l'accès à et les droits sur certaines régions. Ces permis pour la coupe des arbres, furent délivrés sur les territoires réglementés par le droit coutumier (*l'adat*), on pourrait donc interpréter ce fait comme une reconnaissance indirecte par le gouvernement de district des revendications des communautés. À ce jour, le gouvernement local a toujours été hésitant pour traiter les questions de reconnaissance des droits traditionnels, car il y a de nombreux groupes ethniques et différentes interprétations de l'*adat*. Du côté des communautés, on ne trouve pas à ce jour le moindre exemple où la délivrance de ce permis a été utilisée comme un argument de poids pour consolider leurs revendications sur certains territoires.

Quelles leçons a-t-on tiré de cette expérience ?

Gain à court terme/Intérêt à long terme

La période durant laquelle ces permis furent accordés fut une période de changements rapides et de grande incertitude. Le district de Malinau venait d'être institué, l'autonomie régionale était à mettre en œuvre, on débattait de l'autorité sur les politiques forestières et les vues du gouvernement de district sur la propriété foncière, l'*adat* et l'implication des communautés dans le gestion des forêts était floues. Cette situation d'incertitude incitait peu les villages et en particulier les chefs locaux, à se préoccuper d'intérêts à long terme. Ainsi par exemple, il n'est toujours pas clair que le gouvernement de district reconnaisse la propriété du village en se fondant sur les revendications selon le droit coutumier, l'*adat*. Il est fort possible qu'il suivra un système centralisé de contrôle des ressources et des allocations, semblable à celui qui précéda la décentralisation. La pression des compagnies sur les villages pour établir rapidement des accords, fut un facteur supplémentaire. Dans nombre de cas, le gain à court terme l'emporta sur l'intérêt à long terme.

Comment passer des accords

Les villageois savaient bien que les accords écrits étaient essentiels pour les compagnies. Mais à cause de leur manque d'expérience et peut-être avec un certain optimisme sur la fiabilité des compagnies, les accords qui furent établis étaient ambigus. Ainsi par exemple, ils ne spécifiaient pas les tailles des bâtiments ou les sites à niveler, ni les dates et les conditions de paiement. Les ambiguïtés dans les accords écrits offraient aux compagnies de nombreuses occasions de tourner les promesses faites à leur avantage. Nombre de compagnies suggérèrent aux villages de finaliser les accords par un acte notarial pour, soi-disant, fournir une base légale plus solide. Les villageois ne mirent jamais en question leur aptitude à utiliser l'acte notarial pour entreprendre une action si nécessaire. Celui-ci ne fut jamais utilisé pour mener une action contre la compagnie, malgré le fait que certaines promesses n'avaient pas été tenues au moment où la compagnie avait cessé les opérations.

Soutien aux communautés

Lors de cette phase de changements rapides, les villages eurent peu de chances de s'informer pour trouver des options économiques alternatives ou pour concevoir des contrats. Il y a très peu d'ONG actives dans le District de Malinau. En fait, l'unc d'entre elles fut accusée d'être le courtier de commerce d'une compagnie de coupe du bois. Le gouvernement de district avait encore des capacités limitées au début de cette période et souvent se joignait à l'équipe de la compagnie lors d'une brève visite à la communauté. Aussi les villageois reçurent-ils peu d'assistance quand ils en avaient besoin. De plus les compagnies mettaient des pressions de calendrier sur les villages, réduisant encore les chances de consulter d'autres parties sur des questions majeures.

Conférer les pouvoirs à la communauté

Au début, les villages eurent l'impression que dans ces permis de récolte de bois à petite échelle, leur rôle était crucial. Pour la première fois, les hommes d'affaire avaient contacté les villageois et ils pouvaient négocier directement. Dans la procédure d'obtention du permis, la lettre d'accord entre la communauté et la compagnie semblait cruciale. La possibilité d'avoir des membres de la communauté pour contrôler des opérations de coupe de bois augmentait le sentiment d'exercer un pouvoir. Toutefois, passée l'euphorie initiale, les villageois réalisèrent vite que leur rôle était en réalité marginal et difficile à mettre en œuvre.

Une fois qu'ils eurent compris ceci, ils essayèrent d'obtenir autant de bénéfices tangibles que possible. Leur souci principal était de percevoir les paiements en argent. Malgré la faiblesse de moyens de contrôle par les villages, ils avaient un moyen de contraindre les compagnies : arrêter les opérations de coupe par des barrages routiers ou la confiscation d'équipement lourd. Quelques villages tentèrent d'appliquer les accords par des négociations ou par des lettres, pour peu de résultat. En se fondant sur des expériences antérieures, ils firent des manifestations.

Courbe d'apprentissage

L'expérience sur la ligne de partage des eaux de la Malinau, montre que les villages apprirent vite des expériences de leurs voisins. Comme on l'a dit précédemment, le niveau de paye par mètre cube s'éleva peu à peu. Les négociations devinrent plus sophistiquées : les accords furent mieux définis, y compris une réunion de village pour discuter de l'offre faite par la compagnie sur les procédures de négociation, la liste des villageois assistant aux réunions pour montrer le soutien étendu en faveur de l'accord. Les villages ajustèrent rapidement leurs techniques de négociations aux compagnies. Au début, ils avaient tenté d'appliquer les accords par des dialogues entre les chefs de villages et le personnel de la compagnie ou bien d'envoyer des lettres aux compagnies avec copies au gouvernement de district. Ces méthodes s'avérant peu fructueuses, les villages eurent recours aux barrages de route ou à des menaces de barrage afin que la compagnie réponde rapidement.

Que peut-on augurer de tout cela ?

Les villages veulent avoir leur mot à dire pour la gestion de la forêt dans leur environnement immédiat. Cette expérience a accru leur désir d'être partie prenante dans les négociations. Toutefois la coupe du bois à petite échelle, ne favorise pas la gestion par les communautés villageoises. Le rôle des villages se limite à donner les droits d'accès à leur territoire tandis que le contrôle demeure au niveau du gouvernement de district. Les négociations ne devraient pas être uniquement centrées sur les bénéfices que les villages font par l'exploitation des forêts sur leurs territoires, mais encore devraient aborder les questions de l'utilisation de la forêt et de la gestion.

Les villageois se sont révélés aptes à apprendre vite à traiter les permis de récolte du bois à petite échelle Des informations complémentaires sur les régulations existantes pourraient leur venir en aide pour réduire les litiges et améliorer la mise en œuvre. On pourrait par exemple, fournir aux villageois des informations sur les bénéfices standard ou les pratiques de sylviculture que les compagnies de coupe du bois doivent appliquer. Alors, les villages pourraient être plus confiants pour contrôler des opérations de coupe dans la forêt et pour faire un rapport sur les violations de règles. Plus d'information disponible au niveau du village pourrait annuler les attentes irréalistes des villages et, par cela même réduire les sources potentielles de conflit.

Bon nombre de problèmes relèvent de ce manque d'information, de cette absence de transparence. Il semblerait qu'une plus grande transparence irait contre les intérêts de l'élite villageoise. L'expérience prouve que les villageois n'ont pas de problème si les gens impliqués dans la gestion de l'exploitation de la forêt font des bénéfices additionnels, pour autant que la distribution de ces derniers soit acceptable.

Quand on leur demande quels sont les aspects positifs de ces permis, ils mentionnent tout d'abord, les gains économiques. Cette possibilité de gain par l'exploitation de la forêt, a transformé leur perception de la valeur des ressources forestières. Dans les systèmes de gestion à venir, il sera important d'équilibrer les gains économiques à court terme auxquels les villageois sont désormais habitués, sans compromettre les options à long terme.

Si des mécanismes pour endiguer les conflits ne sont pas trouvés de manière rapide et adéquate, il se peut que les villageois continuent à faire des manifestations. Les villages sont très déçus par les mécanismes en place pour régler les conflits, et ont commencé à se fier. à des manières plus radicales de résoudre les problèmes. Pour éviter l'escalade, des mécanismes de recours efficaces doivent être mis en place. Pendant les deux années de cette expérience dans la Malinau. l'impact direct sur la forêt était relativement faible. C'était plutôt une une heureuse combinaison de facteurs qui contribua à cela qu'une politique de gestion de la forêt bien conçue et bien mise en œuvre. Des circonstances différentes, comme l'épuisement de sources de bois ailleurs, ou une hausse soudaine des prix du bois, peuvent provoquer rapidement une exploitation incontrôlée, si aucun système de contrôle et d'équilibre n'est développé. L'expansion des routes a ouvert de nouvelles zones avec de grands volumes de bois, qui continueront à attirer les intérêts pour l'exploitation de la forêt et à augmenter la pression sur ses ressources. Entre-temps, la politique forestière et la délivrance de permis ont été recentralisées, le gouvernement central estimant qu'il y a eu trop d'abus et de coupe incontrôlée. À Malinau, depuis la cessation des opérations de récolte de bois à petite échelle, aucune activité de coupe des arbres n'a commencé. Pas plus qu'il n'y a de nouveaux développements sur la terre et les droits sur la forêt des peuples autochtones. Reste à voir comment la situation va évoluer. Pour l'heure, nous ne pouvons que faire des spéculations : le gouvernement local pourrait s'allier avec les communautés pour contester la recentralisation de la politique forestière. Cependant, le gouvernement local est préoccupé par les problèmes qu'il devra affronter quand il s'attaquera aux revendications (et aux recoupements de revendications), des différents groupes ethniques. L'autre préoccupation à venir – et peut-être la plus importante –, relative au budget, est que le gouvernement local étant presque totalement dépendant du gouvernement central ne s'écartera vraisemblablement pas trop de la ligne des politiques centrales. La «pause» actuelle dans l'exploitation de la forêt de la Malinau, pourrait offrir une chance au gouvernement local et aux communautés, de repenser et de discuter les problèmes tels que la collaboration autour de la gestion de la forêt ainsi que l'accès, les droits à la terre et aux forêts des diverses communautés.

Scierie CIB à Pokola, nord du Congo. CIB a démontré qu'il est possible d'obtenir la certification FSC dans le bassin du Congo. Photo : Marianne Wiben Jensen.

L'autre face de l'histoire : la politique publique danoise pour l'acquisition des produits de la filière bois*

Par Sille Stidsen

« Nous, les autochtones de Sarawak, exhortons les acheteurs à venir dans notre arrière cour et à voir personnellement, par eux-mêmes, la véritable situation de l'exploitation du bois à Sarawak. J'en appelle personnellement à vous tous, acheteurs de bois de Malaysia, épargnez à mes vieux parents, mes jeunes écoliers, aux pauvres communautés innocentes et à nos générations futures d'être chassés de la terre-mère, je vous en prie[1]. »

Ces paroles désespérées du chef d'une communauté autochtone de Sarawak (partie malaise de Bornéo) sont extraites d'un communiqué de presse d'une ONG à la fin de 2005. Dans le monde entier les communautés autochtones protestent depuis des années contre

* Article traduit de l'anglais par Dreyfus - Gamelon S., révisé par Chassin J.
1. Les déclarations des Peuples autochtones de Sarawak concernant les normes du Conseil malais de certification du bois (Malaysian Timber Certification Council, MTCC) accompagnent une déclaration conjointe de 66 ONG européennes de février 2005, enjoignant les gouvernements européens et l'industrie à ne pas accepter le MTCC en raison de son irrespect des droits des peuples autochtones.

l'empiétement de leurs terres et la sape de leurs moyens d'existence que les compagnies d'exploitation du bois leur imposent. Mais leurs voix atteignent rarement les peuples qui sont responsables de l'abattage de leurs forêts, c'est-à-dire les consommateurs de la filière bois en Europe et ailleurs, où ses produits ont une haute valeur marchande.

Le besoin d'une régulation du marché

L'Union européenne est un des plus gros importateurs de bois (légalement et illégalement produits) dans le monde[2]. Le lien est très clair entre les consommateurs européens, les compagnies forestières qui fournissent le marché et les communautés autochtones de Bornéo et d'autres forêts mondiales[3]. Selon la Banque mondiale, environ 60 millions d'autochtones dans le monde sont presqu'entièrement dépendants des forêts pour leurs moyens d'existence[4]. Ainsi, le chef de Bornéo, cité ci-dessus, parle au nom de beaucoup d'entre eux quand il demande aux consommateurs de bois de se rappeler leur responsabilité dans la survie de son peuple.

Mais comment les gens, qui décident de mettre un nouveau parquet en bois tropical précieux dans leur bureau au Danemark, peuvent-ils être sûrs qu'ils ne soutiennent pas des compagnies qui ont abattu ce bois sur la terre d'une communauté autochtone sans lui demander son consentement ? Une malheureuse communauté qui n'a jamais possédé aucun papier stipulant ses droits sur la forêt et qui donc s'est trouvée sans défense quand les lourdes machines et les tronçonneuses de la compagnie sont arrivées. Il est évidemment très difficile pour des individus, et même pour de grands organismes publics, d'évaluer les conséquences de leurs achats en Europe de bois précieux provenant de pays situés à des milliers de kilomètres. Quelques-uns ont pu entendre parler de certifications garantissant la durabilité et la légalité de l'exploitation du bois mais d'autres pas. La régulation du marché et

2. Selon la Commission européenne, environ la moitié des produits ligneux et des bois importés en Europe proviennent d'opérations illégales (cité dans une discussion au Parlement danois sur l'interdiction d'importer des bois frauduleusement produits).
3. Voir par exemple FERN, Greenpeace et WWF (Fonds mondial pour la nature) 2004
4. La Banque mondiale 2002, cité dans Colchester 2006, p. 9.

l'établissement de normes sur ce qui est vendu et sur ce qu'on achète sont nécessaires. De telles mesures sont déjà prises ou sont en cours de réalisation dans nombre de pays européens. Le Danemark a été le premier pays européen à se doter d'une politique d'achat des bois en 2003. D'autres l'ont suivi et aujourd'hui cinq pays européens (le Royaume-Uni, le Danemark, la Belgique, les Pays-Bas et la France) plus le Japon, ont leurs propres politiques. La politique danoise vise les organismes publics et semi-publics et ne négocie que sur les bois et produits tropicaux. Ses résultats furent évalués fin 2005 et une révision des procédures est actuellement en cours.

Dans cet article nous considérerons particulièrement la politique publique danoise d'acquisition de produits de la filière bois et éclairerons certaines des questions cruciales qui se posent à la faveur de la révision en cours, si elles ont une signification réelle pour les communautés autochtones qui dépendent de la forêt. A un niveau plus général, cette discussion touche aux implications et à la signification de la «légalité» et de la «durabilité» du point de vue des droits des autochtones.

Les mémorandums danois sur l'environnement, guides d'achat de bois tropicaux

Ces mémorandums ont pour but de guider les consommateurs et les acheteurs de ces produits pour qu'ils fassent des choix responsables[5]. Ils décrivent ce qu'est une gestion légale et durable des forêts et de leur production et montrent qu'il appartient aux consommateurs de soutenir les bonnes gestions. Ils concluent que les organismes publics doivent acheter leurs produits quand ils sont disponibles, sinon ils recommandent d'acheter ceux qui proviennent de zones «en cours d'aménagement pour une gestion durable». Si rien de tout cela n'est disponible, le choix doit se porter sur des produits dont on est sûr, au moins, qu'ils proviennent de sources légales. Afin de rendre ces mémorandums opérationnels et d'en faire des outils faciles à utiliser par les consommateurs, ils comportent une liste de modèles de

5. La politique actuelle ne concerne que les essences tropicales, elle doit être révisée en 2007 et concerner tous les produits ligneux et les bois.

certifications qui ont été reconnus comme créant, ou garantissant, ces trois niveaux de recommandation[6]. Dans cette liste, le certificat du FSC (*Forest Stewardship Council*) est recommandé comme donnant la preuve de la durabilité et de la légalité de la gestion (première des conditions requises) et celui du MTCC (*Malaysian Timber Certification Council*) est considéré comme prouvant que les bois ont été légalement produits et d'une façon qui procède « d'une gestion durable en cours d'aménagement ». Pas d'étiquetage particulier signalant la dernière recommandation sur l'achat de bois qui ont été au moins produits légalement. On spécifie seulement quel genre de vérification de cette légalité l'acheteur doit demander[7].

Ces guides d'achat ne sont pas contraignants et ne visent qu'à être des outils pour les acheteurs qui veulent agir avec responsabilité et ont besoin d'être informés. Cela, et le fait que ces guides ne sont destinés qu'aux organismes publics (qui ne représentent qu'un cinquième de la consommation totale de bois tropicaux au Danemark)[8] peut donner l'impression qu'il s'agit d'insignifiants bouts de papier qui ne changeront pas grand-chose pour les forêts tropicales et leurs habitants. Du point de vue des autochtones, cependant, les guides danois sont significatifs de trois manières :

- leur définition de la gestion durable comporte des conditions socio-économiques et culturelles se référant directement aux droits des peuples autochtones, à leurs terres, à leurs ressources, et à leur intégrité culturelle ;
- ils établissent des normes qui définissent le futur marché du bois et des produits forestiers et annoncent ainsi aux compagnies d'exploitation que la durabilité et la légalité de la gestion seront exigées à l'avenir ;
- ils ont ouvert la voie à d'autres pays européens pour établir des guides

---

6. Des modèles de certification pour les bois ont été fournis aux niveaux nationaux et internationaux afin de donner aux consommateurs des outils simples, leur permettant de faire des choix responsables, et aux industriels les moyens de mettre sur le marché des produits obtenus de façon légale et sauvegardant une gestion durable des forêts.
7. Cela signifie que le producteur a obtenu les permis nécessaires pour procéder à l'extraction du bois, s'est conformé à toute la législation nationale concernant la gestion de la forêt, a payé les autorisations et les impôts dus et a obtenu des autorités toute la documentation statutaire.
8. Danish Forest and Nature Agency (agence danoise pour les forêts et la nature), 2006.

similaires ou définir des politiques d'achat et ont donc une influence sur le marché du bois en Europe et pas seulement au Danemark.

En outre, les mémorandums danois recommandent en général d'acheter des produits labellisés par le FSC, partout où c'est possible, ce qui est très positif du point de vue des droits des autochtones car les normes de certification du FSC font clairement référence à leurs droits de contrôler leurs terres et leurs ressources et de veiller à la protection de leurs sites culturels et religieux[9]. De plus, les normes FSC comportent des mécanismes qui assurent le droit de tous les intéressés à porter plainte quand certains principes ne sont pas respectés dans les concessions certifiées.

Mais des problèmes demeurent: avec ses guides d'achat, le Danemark est devenu le premier pays à accepter le certificat du MTCC comme preuve de la légalité des opérations. Il est même présenté comme montrant la production «sur la voie d'une gestion durable» – ce qui est mieux que d'être seulement une preuve de légalité. Cette catégorie médiane dans le système fut apparemment incluse afin de reconnaître et de gratifier les modèles de certification qui visent à améliorer leurs normes. C'est seulement à ce niveau que l'on peut recommander le label MTCC. Cette position fut l'objet de fortes critiques des organisations autochtones et écologistes en Malaysia et en Europe, qui soutenaient que le Danemark ouvrait le marché européen à des produits qui ne sont pas le résultat de gestions durables ni légales mais, au contraire, créent de graves problèmes aux forêts malaises et à leurs habitants autochtones[10].

Le MTCC et les droits autochtones

Les organisations autochtones de Malaysia se sont vigoureusement élevées contre la certification du MTCC. De nombreux cas, bien documentés, montrent que le MTCC certifie des bois provenant de territoires autochtones et abattus sans avoir obtenu le consentement

9. Voir les principes à observer et plus d'information sur le modèle de certification du FSC sur le site: http://www.fsc.org/en.
10. Voir Greenpeace 2005, JOANGOHutan 2005, FERN 2006.

préalable, libre et informé de leurs habitants. Un exemple récent est celui de la concession Samling au Sarawak (unité de gestion de la forêt de Sela'an Linau, Ulu Baram) qui a fait l'objet de commentaires internationaux ces derniers mois. La concession Samling obtint un certificat MTCC en janvier 2005 bien que sa zone se recoupât avec le territoire des autochtones Penan. Ceux-ci, traditionnellement chasseurs-cueilleurs et donc hautement dépendants d'une forêt intacte pour leur existence, ont une longue tradition de défense de leur territoire et de protestation contre l'abattage des arbres. En 1998, ils portèrent leur revendication territoriale devant le tribunal en se réclamant des droits coutumiers autochtones. Le certificat MTCC fut attribué à la société Samling malgré l'affaire judiciaire en cours et l'opposition des Penan qui bloquèrent les routes pour empêcher l'arrivée des machines. Les Penan continuèrent à protester au niveau local et firent campagne au niveau international, en coopération avec des organisations européennes comme la Fondation Bruno Manser en Suisse[11]. Pour les Penan, les choses sont simples: «Sans nos forêts nous, les Penan, nous ne pouvons pas survivre.» 17 chefs penan envoyèrent un message clair, dans une lettre adressée en avril 2006 à une compagnie de bois britannique qui commerce avec la société Samling, en l'exhortant à arrêter toute coopération avec ce groupe[12].

Malheureusement le cas penan n'est pas unique. Selon la presse, à Sarawak seulement, plus de 100 plaintes au nom des droits coutumiers autochtones ont été déposées et sont toujours pendantes[13]. Dans la péninsule malaise aussi, des rapports montrent que des opérations d'abattage de bois, supposées «légales», violent les droits territoriaux et attaquent les moyens d'existence des communautés autochtones d'Orang Asli. Le cas de la communauté Semelai de Bera est l'un d'eux: un exploitant a obtenu un permis pour abattre 1 000 tonnes de bois sur une zone qui, en vertu de la disposition de l'Autorité fédérale de réhabilitation et de consolidation (de propriété)

---

11. www.bmf.ch/en/en index. html.
12. *Times online*, 5 mai 2006: Dying tribe takes on timber giants over lost habitat (Une tribu qui meurt s'en prend aux géants de la filière bois à propos de sa terre perdue), par Richard Lloyd Parry et Devika Bhat.
13. *Malaysiakini*, 29 avril 2006: Jabu se moque de l'ignorance de la crise foncière de NCR par Tony Thien.

des terres, fut officiellement attribuée aux Semelai dont c'est le territoire ancestral. L'attribution de la terre n'a jamais été promulguée au *Journal officiel* ainsi celle-ci n'est-elle ni protégée ni réellement sécurisée comme la terre d'Orang Asli. Selon des sources journalistiques, c'est une pratique courante : plus de la moitié des 50 008 ha de terre, reconnus comme appartenant aux Orang Asli, en Péninsule malaise, doivent encore être promulgués[14]. En pratique, cela signifie que les populations sont sans défense contre des contractants soi-disant légaux venus là pour s'emparer des ressources des forêts.

Le réseau national des peuples autochtones de Malaysia et l'ONG, JOANGOHutan, s'opposent vigoureusement aux normes du MTCC et exhortent les compagnies et les gouvernements européens à ne pas les accepter comme preuves de légalité des opérations. Ils font valoir que, outre qu'il ignore les droits territoriaux coutumiers autochtones (protégés par la loi de Malaisya et les lois internationales sur les droits de l'homme), le MTCC n'applique même pas ses propres normes de durabilité et de légalité. Pour JOANGOHutan, il est un « blanchisseur » de pratiques illégales et dévastatrices d'extraction qui permet d'ouvrir de nouveaux marchés et de faire des profits au nom d'une gestion responsable de la forêt.

Production légale de bois et droits autochtones

Comme nous venons de le montrer, la « légalité » de la production est un concept flou quand il est considéré du point de vue des droits autochtones : un certificat prouvant la « légalité » des opérations ne garantit pas vraiment que le bois est produit de façon responsable et acceptable. Les communautés autochtones de forêt vivent en marge de la société et la protection juridique de leurs droits comme peuples n'existe pas dans beaucoup de pays. Là où une certaine protection légale existe, les droits reconnus ne sont souvent pas appliqués correctement. Quelquefois, parce que ces droits entrent en

14. *Malaysiakini*, 18 avril 2006 : Extraction « légale » du bois, statut foncier en question, par Fauwaz Abdul Aziz.

contradiction avec certaines lois (par exemple la législation sur la forêt[15], sur les usages de la terre, etc.) ou à cause de problèmes administratifs et juridiques[16]. Le bois, prétendument « légalement produit » peut très bien, par conséquent, provenir de terres des autochtones, avoir été extrait sans leur consentement préalable, libre et bien informé. En ce sens, les exemples du MTCC cités plus haut ne sont pas uniques.

Nous allons maintenant examiner brièvement l'interface entre la loi sur la sylviculture et la protection des droits des peuples autochtones dans la législation internationale sur les droits de l'homme. Le Danemark a ratifié en 1996 la Convention 169 de l'OIT (Organisation internationale du travail) sur les peuples autochtones et tribaux et a joué un rôle actif sur la scène internationale pour promouvoir leurs droits et établir des mécanismes de protection[17]. Par la ratification de la Convention 169, le Danemark a l'obligation de veiller à ce que toutes les politiques nationales promeuvent et protègent les droits des peuples autochtones. Nous considérerons rapidement comment les normes internationales des droits de l'homme ont été appliquées, ces dernières années, aux conflits forestiers impliquant des peuples autochtones ; nous pourrons ainsi tirer des conclusions sur la façon dont la politique d'achat danoise de produits ligneux et de bois se conforme aux obligations susmentionnées.

Toujours plus d'organisations autochtones et d'ONG ont, ces dernières années, utilisé les outils de la législation internationale sur les droits de l'homme pour la défense des communautés d'habitants des forêts contre les compagnies d'extraction du bois qui empiètent

---

15. JOANGOHutan 2005.

16. On ne sera peut-être pas surpris qu'une récente étude du Centre de recherche international sur la sylviculture (CIFOR) portant sur le renforcement des lois sur les forêts et leur impact sur les modes de vie ruraux ait conclu que « *les lois sur la sylviculture ont été caractéristiquement et fortement influencées par le lobby de l'industrie du bois* » (Colchester 2006).

17. Le problème du « fossé » séparant la promulgation de cette législation protectrice, sa mise en œuvre promouvant les droits autochtones, et la réalité au jour le jour a été signalé par le Rapporteur spécial des Nations unies soulignant, dans son Rapport pour 2006 à la 62e session de la Commission des Droits de l'Homme, que la situation des droits de l'homme et des libertés fondamentales pour les peuples autochtones est une des principales questions à soumettre aux États.

sur leurs territoires[18]. Les droits des communautés autochtones sur leurs terres, à la sauvegarde de leurs moyens d'existence et de leur intégrité culturelle sont tous inscrits dans les traités internationaux et dans des textes contraignants comme les Conventions des Nations unies sur les droits civils et politiques, sur l'élimination de toutes formes de discrimination raciale et la Convention 169 de l'OIT. Au summum, le Conseil des droits de l'homme de l'ONU a adopté la Déclaration des droits des peuples autochtones en juin 2006, une Déclaration qui fournit un cadre encore plus général pour établir des normes internationales régissant les droits des autochtones sur leurs terres, leurs ressources, leur intégrité culturelle et, plus important encore, leur autodétermination. Le cas des Saami, décrit dans ce livre par l'article de Lawrence et Raitio montre comment ces principes ont été mis en œuvre pour défendre des communautés contre les compagnies extractives: dans le Sapmi finlandais, les éleveurs de rennes saami ont subi, dans les années 1990, la pression croissante des extracteurs de bois. Le Conseil saami, des particuliers et des organisations écologistes y ont répondu par des campagnes de défense du droit à la terre et à la poursuite des activités économiques traditionnelles. Le cas fut porté devant la Comité des droits de l'homme de l'ONU et, à la fin 2005, celui-ci a ordonné à l'État finlandais de stopper toutes les opérations d'extraction dans la région de Nellim jusqu'à ce que la question des droits territoriaux ait été réglée[19].

---

18. Le Danemark a joué un rôle actif dans la rédaction du projet des Nations unies de Déclaration des droits des peuples autochtones, adopté par le Conseil des droits de l'homme en juin 2006, et dans le processus aboutissant à l'établissement du Forum permanent sur les questions autochtones aux Nations unies en 2002.
19. Voir, par exemple, FERN 2001, Colchester 2006, Programme pour les peuples de la forêt 2006a et IWGIA 2006, pp.45-50. Dans un rapport récent, l'ONG « Programme pour les peuples de la forêt » montre comment un intérêt croissant pour des politiques sylvicoles conduit à une gestion durable de la forêt alors que le respect des droits des communautés apparaît dans nombre de déclarations inter-gouvernementales: *« À travers la Déclaration de Rio et l'Agenda 21, la Déclaration de principes (non légalisée) sur tous les types de forêts, les 'Propositions pour l'action' acceptées par le Groupe de l'ONU sur les forêts et le Forum inter-gouvernemental sur les forêts, les décisions de la Commission sur le développement durable, la Convention sur la diversité biologique du programme de travail sur la diversité biologique des forêts. Les gouvernements se sont engagés, inter alia, à : poser les questions concernant les forêts d'une façon*

Un autre exemple est le recours, en juin de cette année, devant le Comité des Nations unies pour l'élimination de la discrimination raciale, déposé par les organisations autochtones de la République démocratique du Congo (RDC) conjointement avec l'ONG britannique Programme pour les peuples de la forêt (décrit en détail dans l'article de Lucy Mulvagh dans ce volume). Le recours souligne comment le Code de la forêt de 2002 de la RDC ne garantit ni ne reconnaît des protections suffisantes pour les droits des autochtones sur leurs terres et leurs ressources et comment sa mise en œuvre conduit à de graves violations des droits humains des peuples autochtones. Des concessions d'extraction du bois sont attribuées dans ou autour de leurs territoires, sans leur consultation ni leur consentement (à l'époque du recours au moins 103 concessions étaient en opération). Les autochtones n'ont pas davantage été consultés sur l'établissement des lois d'application du Code. Selon le recours, la situation est si grave que certaines populations autochtones sont menacées d'extinction[20].

En Malaysia, des organisations de défense des communautés de Sarawak contre les extractions de bois ont récemment réussi à ce que la Commission des droits de l'homme visite des communautés penan victimes de la perte de leurs forêts. La Commission a fait de fortes déclarations sur les violations des droits de l'homme dont souffrent les Penan[21].

Suite de la note 19.
holistique et inter-sectorielle, assurer la participation des communautés locales et autochtones dans la formulation de l'agenda et la mise en œuvre des politiques nationales de la forêt, reconnaître et soutenir l'identité, la culture et les droits des peuples autochtones et d'autres populations dépendantes de la forêt, formuler des politiques et des lois qui sécurisent les tenures foncières des peuples autochtones et des communautés locales, reconnaître et soutenir la gestion de leur milieu par les communautés forestières, développer les régimes de protection des savoirs traditionnels liés à la forêt». (Programme pour les peuples de forêts, 2006 b: 4).

20. Dans l'article de Raitio et Lawrence de ce volume vous trouverez plus d'informations sur les extractions dans les régions de Inari et de Nellim. Voir aussi des cas analogues dans Colchester 2006, p. 53.

21. Le texte du recours peut être consulté sur le site www.forestpeoples.org.

Conclusions

Qu'est-ce que tout cela signifie pour les Danois et les autres Européens par rapport à leurs politiques publiques d'achat de produits ligneux et forestiers ? Tout d'abord, les exemples de Malaysia et du Sapmi finlandais montrent que seules des politiques qui *promeuvent* les droits des peuples autochtones éviteront aux habitants des forêts d'affronter un avenir très incertain. Leurs droits à leurs forêts, à leurs moyens d'existence traditionnels et à leur intégrité culturelle ne seront assurés que par des législations nationales spécifiques. Le Danemark et d'autres pays européens qui révisent ou développent des politiques publiques d'achat de produits forestiers peuvent influencer ces processus nationaux en exigeant clairement que les normes de certification, pour être considérées par eux comme « légales », fassent référence aux droits de l'homme et qu'aucun cas, bien documenté, de dommages aux communautés autochtones ne soit avéré lors des opérations d'extraction du bois. Cela, évidemment, signifie le rejet des certificats du MTCC. En même temps il signifie que des mécanismes clairs permettent de déposer des plaintes contre des certificats déjà acceptés mais susceptibles d'être soumis à des investigations effectuées dans la régularité et que des membres de la société civile puissent déposer plainte quand les normes de certification appliquées ne correspondent pas aux normes écrites.

Nous en tirons également la leçon que, pour le Danemark, la seule manière d'être cohérent avec sa position de défenseur des droits des autochtones dans les instances internationales, est d'accorder toute l'importance à la gestion durable des bois tropicaux plutôt qu'à la « légalité » de leurs production et extraction. Nous avons vu que la « légalité » de la production de ces bois est un concept flou par rapport aux normes internationalement établies des droits de l'homme. N'accepter que les bois issus d'une gestion durable de la forêt, certifiés par le FSC ou des organismes équivalents, est la seule façon de s'assurer qu'ils ne sont pas extraits dans des territoires autochtones sans que les habitants aient donné leur consentement préalable, libre, et informé. Si d'autres labels sont donnés comme preuve de la durabilité de la gestion dans le cadre d'une politique nouvelle et révisée, il est crucial que ces labels obéissent aux mêmes normes, concernant les droits de l'homme, que le certificat FSC, c'est-à-dire qu'ils fassent également référence au respect des droits territoriaux des autochtones, à leur droit de contrôler leurs ressources et de préserver leur intégrité culturelle.

Enfin il est indéniable que les politiques d'achat jouent un rôle important dans la définition des futurs marchés des bois et produits forestiers en Europe. Les grandes compagnies de la filière bois ont, est-il besoin de le dire, intérêt à traiter avec de grands organismes publics, afin que les normes qu'elles exigent soient éventuellement celles en vigueur sur le marché. S'il devient clair que les institutions publiques recommandent fortement de n'acheter que les bois certifiés FSC ou des

Abris Penan dans le haut Baram. La vie est devenue de plus en plus difficile pour le peuple nomade Penan du fait de la disparition des plantes médicinales sauvages et autres produits forestiers résultant des déforestations massives.
Photo : IWGIA. archives.

produits qui répondent à des normes similaires, on pourra espérer que les politiques publiques d'achat danoises et européennes apporteront de grandes améliorations aux communautés autochtones des forêts qui souffrent actuellement des pratiques destructrices des compagnies dont le succès commercial dépend de la quantité des bois qu'elles vendent plutôt que de leur qualité (en termes de gestion durable de la forêt).

L'ONG européenne FERN a suggéré qu'une future harmonisation des politiques publiques d'achat des bois de l'Union européenne s'inspire de l'expérience du Danemark et des Pays-Bas qui prennent le plus en compte l'ensemble des situations et des problèmes locaux[22]. Dans cette perspective, la révision actuelle de la politique danoise est importante, non seulement pour le Danemark mais aussi, potentiellement, pour les autochtones des pays producteurs de bois qui approvisionnent le marché européen.

22. FERN 2006, p. 1.

Références

Colcherster M., 2006, *Justice in the forest, Rural livelihoods and forest law enforcement*. Center for International Forestry Research (CIFOR) www.cifor.cgiar.org

Danish Forest and Nature Agency, 2003, *Purchasing Tropical Timber*

FERN, 2001, *Forest of Fear, The abuse of human rights in forest conflicts.* www.fern.org

FERN, Greenpeace and WWF, 2004, *Facing Reality, How to halt the import of illegal timber in the EU.* Brussel.

FERN and JOANGOHutan, 2006, *Forest governance in Malaysia.*

Forest Peoples Programme, 2006a, *Persistent and Pervasive Racial Discrimination against Indigenous Peoples in DRC.*

Forest Peoples Programme, 2006b, *Liberia's forestry law in an international context.*

Greenpeace, 2006, *Missing links*. Greenpeace International, Amsterdam.

IWGIA, 2006, *The Indigenous World 2006.* Copenhagen.

JOANGOHutan, 2005, *The Malaysian Timber Industry finds cause for celebration !*

Stavenhagen, 2006, *Human rights and indigenous issues.*

Les auteur(e)s

Neli Aparecida De Mello, géographe, professeur à l'université São Paulo-USP (Brésil), associée à l'UMR Temps.

Gail Fondahl est présidente des programmes de gestion des enseignements de géographie et des sorties culturelles de l'université du nord de la Colombie britannique. Elles est la chercheuse principale du Partnering for Sustainable Resource Management tl'azt'en-UNBC Commmunity-University Research Alliance project, un poste qu'elle a également occupé dans le précédent projet de recherche Tl'azt'en-UNBC concernant les critères locaux et les indicateurs pour la gestion en commun de la forêt.

Sue Grainger est directrice des forêts pour la John Prince Research Forest, et assistante au département Ecosystem Science and Management à l'University of Northern B.C. Elle est enquêtrice associée pour le Partnership for Sustainable Resource Management, Tl'azt'en-UNBC Community-University Research Alliance project.

Judy Knight, basée au Gabon, est consultante en anthropologie. Elle a travaillé avec des communautés de forêt d'Afrique centrale depuis 1992 et dans des projets coordonnés par le FPP, l'UNESCO, l'IPACC et des ambassades étrangères. Elle a également été consultante pour des ONG autochtones et pour les principales organisations de défense des droits des Peuples Autochtones et de sauvegarde du savoir traditionnel sur les forêts, à l'intérieur et autour des zones protégées.

Rebecca Lawrence travaille au Département de Sociologie de l'Université de Stockholm. Sa recherche est interdisciplinaire et se concentre sur l'interface des revendications autochtones avec les gouvernements et le secteur privé. Son PhD comprend plusieurs études de cas, dont l'une concerne le rôle de Stora Enso dans les conflits concernant les droits saami et l'exploitation du bois du Saapmi.

Beverly Leon est le Coordinateur des recherches sur la communauté Tl'azt'en du Partnering for Sustainable Resource Management

Tl'azt'en-UNBC Community-University Research Alliance project, et a travaillé comme chercheur associé pour le précédent projet de recherche Tl'azt'en-UNBC sur les critères et les indicateurs locaux de co-gestion de la forêt.

François-Michel Le Tourneau, géographe, chercheur CNRS accueilli à l'IRD et chercheur associé au Centre de Développement Durable de l'université de Brasilia (Brésil), associé à l'UMR Temps.

Jerome Lewis est membre du département d'anthropologie de la London School of Economics. Il a travaillé, depuis 1993, avec les peuples de la forêt du bassin du Congo, particulièrement avec les Pygmées Twa au Ruanda, au Burundi et en Ouganda, avec les Mbendjele au Congo-Brazzaville et les Baka au Cameroun.

Godwin Limberg M. Sc. est un agronome néerlandais qui a travaillé depuis 2000 comme consultant du Centre de Recherche sur la Sylviculture Internationale (Center for International Forestry Research – CIFOR) de l'Est Kalimantan en Indonésie. Cet article se base sur une recherche multidisiplinaire de longue durée du CIFOR, concernant la forêt Malinau, qui pose la question de la réalisation, dans un vaste paysage de forêt, d'une exploitation durable sur le long terme, intégrant les aspects sociaux

Lucy Mulvagh est chargée de projet au Forest Peoples Programme (FPP), une ONG internationale qui travaille en partenariat avec les Peuples Autochtones, tribaux et vivant dans la forêt du monde entier, pour les aider à assurer leurs droits individuels et collectifs et à maintenir leur contrôle sur leurs terres et leurs ressources naturelles. FPP travaille avec les autochtones d'Afrique centrale depuis 1991 et en RDC depuis 1998. L'organisation a publié plusieurs rapports sur la situation des autochtones de cette région et ailleurs. Adresse électronique : info@forestpeoples.org

John Nelson est conseiller du Programme sur les peuples de la Forêt pour la Politique Africaine. Il coordonne sa participation au projet concernant les peuples autochtones et les zones protégées d'Afrique centrale, au programme de soutien aux Bagyeli de la zone traversée par l'oléoduc du Cameroun, à l'étude de l'usage de la forêt par les chasseurs-cueilleurs du bassin du Congo et la certification FSC en République du Congo ; il dénonce les conséquences négatives sur les communautés forestières du financement international. Il a travaillé, depuis 1986, sur les questions d'environnement et de développement en Afrique centrale et occidentale et avec le Programme depuis l'an 2000. Il réside en Grande Bretagne et parle anglais, français et bambara.

Richard Pasquis, géographe, directeur de recherche Cirad et chercheur associé au Centre de Développement Durable de l'université de Brasilia, associé à l'UMR Temps.

Kaisa Raitio M. Sc. fait des recherches sur la politique environnementale à l'Université de Joensuu, en Finlande. Elle termine actuellement un PhD sur la gestion des conflits dans l'exploitation forestière de l'État finlandais. Le conflit d'Inari est l'une de ses études de cas, dont elle suit de très près le déroulement depuis 1998.

Kanyinke Sena est avocat et militant des droits de l'homme, il appartient à la communauté ogiek du Kenya. Actuellement il poursuit un travail de sensibilisation à leurs droits des communautés autochtones du Kenya, à travers les lois internationales, régionales et locales sur l'environnement et la propriété. Il est aussi le représentant régional, pour l'est et la Corne de l'Afrique, du Comité de Coordination des Peuples Autochtones d'Afrique (www.ipacc.org.za) Il peut être joint à : kanyinke@yahoo.com.

Sille Stidsen, membre du secrétariat d'IWGIA, coordinatrice pour les publications *El Mundo Indigena/The Indigenous World.*

Victor Toledo Llancaquco, Centro de Politicas Publicas y Derechos Indigenas- Chile. www.politicaspublicas.cl

Marianne Wiben Jensen, membre du secrétariat d'IWGIA, coordinatrice des programmes pour l'Afrique, coordinatrice de la revue *Indigenous Affairs.*

Vol. XXXVI, Nos 2-3, 2006
recherches amérindiennes au québec
Les premières nations et la forêt

l'Écologiste
N° 23 JUILLET-SEPTEMBRE 2007
l'Écologiste
Édition française de The Ecologist
Déforestation, agrocarburants, arbres transgéniques...
Comment sauver les Forêts
FAUNE
L'adieu au tigre
SANTÉ
Le rôle clef des gencives
NUCLÉAIRE
Les séismes menacent les centrales
M 01848 - 23 - F: 6,00 € - RD

IWGIA est une organisation internationale à but non lucratif, politiquement indépendante et composée de membres adhérents.

Les membres actifs dans son fonctionnement sont des chercheurs, des militants, des étudiants et toutes les personnes intéressées par la question des peuples autochtones.

Son objectif est de soutenir les peuples autochtones du monde entier dans leur lutte pour l'autodétermination.

Ses activités se concentrent sur :

- la défense des Droits de l'Homme,
- le recueil et la diffusion de l'information,
- la mise en œuvre de projets en coopération avec les organisations et les communautés autochtones.

En 2003, a été créée la branche française d'IWGIA dénommée Groupe International de Travail pour les Peuples Autochtones (GITPA), association relevant de la loi 1901. Ce groupe est plus particulièrement destiné à développer des contacts avec les organisations autochtones et le public francophones.

Les informations sur le GITPA sont accessibles sur :
www.gitpa.org
gitpa.iwgiafrance@wanadoo.fr

L'HARMATTAN, ITALIA
Via Degli Artisti 15 ; 10124 Torino

L'HARMATTAN HONGRIE
Könyvesbolt ; Kossuth L. u. 14-16
1053 Budapest

L'HARMATTAN BURKINA FASO
Rue 15.167 Route du Pô Patte d'oie
12 BP 226
Ouagadougou 12
(00226) 50 37 54 36

ESPACE L'HARMATTAN KINSHASA
Faculté des Sciences Sociales,
Politiques et Administratives
BP243, KIN XI ; Université de Kinshasa

L'HARMATTAN GUINEE
Almamya Rue KA 028
En face du restaurant le cèdre
OKB agency BP 3470 Conakry
(00224) 60 20 85 08
harmattanguinee@yahoo.fr

L'HARMATTAN COTE D'IVOIRE
M. Etien N'dah Ahmon
Résidence Karl / cité des arts
Abidjan-Cocody 03 BP 1588 Abidjan 03
(00225) 05 77 87 31

L'HARMATTAN MAURITANIE
Espace El Kettab du livre francophone
N° 472 avenue Palais des Congrès
BP 316 Nouakchott
(00222) 63 25 980

L'HARMATTAN CAMEROUN
BP 11486
(00237) 458 67 00
(00237) 976 61 66
harmattancam@yahoo.fr

533047 - Juin 2013
Achevé d'imprimer par

1livre.com
du rêve à la réalité !

Made in the USA
Monee, IL
05 November 2026

67811477R00094